MITED MODELS

ポーツDNAを研ぎ澄ます歳月だった。

くのドライバーと、比類ないエキサイトメントとエンターテイ

せた限定モデルの開発。1台1台に、[FD3S]の輝かしい歴史

JN124913

Type RB 1996.12
BATHURST X （限定700台）

●265PS/6500rpm ●フロントスポイラー＆プロジェクターフォグランプ
●フローティングリアウィング＆リアワイパー ●本革バケットシート（レッド）
●ボディカラー：ブリリアントブラック、シャストホワイト

Type RZ 2000.10
（2シーターモデル。限定175台）

●206kW(280PS)/6500rpm ●ビルシュタインダンパー
●ガンメタリックBBS社製17インチ鍛造アルミホイール ●レカロ社製軽量フルバケットシート
●NARDI社製本革巻ステアリング ●本革巻シフトノブ＆シフトブーツ＆パーキングブレーキ
レバーブーツ ●ボディカラー：スノーホワイトパールマイカ

1996 1997

2000 2001

Type RS-R 1997.10
（限定500台）

●265PS/6500rpm ●専用メーターグラフィック
●クロームメッキメーターリング ●ビルシュタインダンパー
●エクスペディアS-07タイヤ
（フロント235/45ZR17・リア255/40ZR17）
●ガンメタリック17インチアルミホイール
●ボディカラー：サンバーストイエロー

Type R 2001.8
BATHURST R （限定500台）

●206kW(280PS)/6500rpm ●車高調整式ダンパー（大径ハード）
●カーボン調パネル ●マツダスピードカーボン×アルミシフトノブ
●マツダスピード カーボン×アルミバーキングブレーキレバー
●ボディカラー：サンバーストイエロー、イノセントブルーマイカ、ピュアホワイト

ヒストリックカー・ブック（Historic Car Book）創刊について

　一世紀を超える自動車の歴史のなかで、これまで数多くの車種が生み出されてきました。その中には、歴史に残すべき優れたクルマが数多く存在しています。

　多くの自動車ファンに向けて企画したヒストリックカー・ブックは、そのような数々の自動車の中から、デザインやメカニズム、実用性や走行性能などに優れた車種を選出して、その特徴をできるだけ詳しく、わかりやすく、多くの関係資料を駆使して解説することを編集目標としています。

自動車史料保存委員会

Historic Car Book

マツダRX-7
FDプロファイル1991-2002

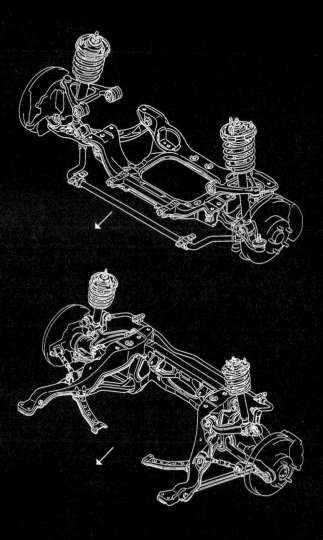

MIKI PRESS

アンフィニRX-7 開発の志

私は　私であって
私以外の
なにものでもない・
こころざしである・

武骨であることと
たおやかなることの
紙ひとえの　差を
知っている・
りりしさである・

人を感応させ
惑わせ
溺れさせ
嫉妬させるもの・
つやめきである・

進り手の汗は
深く心の内に流し
乗り手の熱は
限りなく　ほとばしりでて・
たかまりである・

志さしありて凛々しく
艶あって歌む・
スポーツカーは
そのようにして
母の胎内を出・
そして　いうのだ・
遊びをせんとや　生まれけむ・

本書刊行に関して

　日本における2020年時点での全就業者6664万人の中で、自動車関連では546万人となり、全体のおよそ１割を占めるという。また他の産業への波及する力（生産波及効果）を見ると、１単位の生産が全産業生産に与える影響の数値は“2.5倍”となり、この数値は2020年時点で、全産業の平均1.78倍を上回る。日本の産業別ではトップであり、自動車産業が非常に大事な産業であることが数字でも証明されている。

　戦後、日本が経済大国に成長するにあたり、様々な国内産業の中でも自動車産業が今でもひとつの重要な基幹産業であることは紛れもない事実であり、その製品として開発・生産されている日本製の自動車は、信頼性の高さ、経済性など世界のトップレベルの製品と認められてきた。

　これらの自動車に関連する資料を収集し、整理、継承を目的として、2005年に有志により自動車史料保存委員会（以下委員会）が結成された。

　このたび当委員会では、技術的な側面、デザイン、販売面などの観点から歴史に遺すべき傑作車ともいえる車種を選択し、その車種について、できる限り詳細に記録に残すことを目的とする書籍を企画した。

　その第一作としてまとめられたのが『マツダRX-7』である。本書で取り上げた３代目RX-7（FD）は、世界唯一の量産型のロータリーエンジンを搭載した高性能スポーツカーの最終進化形であり、日本独自とも言えるデザインも含めて国産車を代表する１台であることは間違いない。

　本書の刊行によって、後世に遺すべき日本の自動車のさまざまな魅力が再認識され、オーナーや愛好家にとって最良の書となれば幸いである。

データ出典：一般社団法人 日本自動車工業会 広報室発行「JAMAGAZINE」
自動車史料保存委員会

前ページの線画は、アンフィニRX-7（1991年型）のフロントサスペンション（上）と
リアサスペンション（下）です。矢印は進行方向を示しています。

ダイレクトに、スピリチュアルに、スポーツを語りたい。そして何よりも人の心を
昂ぶらせる存在でありたい。
　こうした思いを胸にアンフィニ "RX-7" は誕生した。コンパクトなロータリーエン
ジンをもってはじめて可能としたディメンションと、徹底した軽量化設計が実現した
前後重量配分50：50ジャスト。
　2ローター13Bエンジン、4輪トーコントロールをさらに進化させた、ダイナミッ
クジオメトリーコントロールのオールアルミ製4輪ダブルウイッシュボーンサスペン
ション。それらすべてが一体となって、タイトなコーナリング走行で右に出るものの
いない圧倒的なポテンシャルを発揮する。

　そして、動物的で躍動感にあふれるグラマラスなフォルム。マン＝マシンコミュニ
ケーションをテーマに、機能の洗練に注力したタイトなキャビン。万全のセイフティ
対策とエコロジーへの配慮。
　そこには、スポーツカーとしての志の高さと、心昂ぶらせずにはおかない刺激が満
ちている。
　THE SPORTS CAR・アンフィニ "RX-7"。スポーツカーの本質を知るドライバー
の夢を叶えるために。

　　　　　　　　　　　　　　出典：「アンフィニRX-7」1991年アンフィニ発行

目　次

編集部より

■本書に収録されているカラー口絵の車名とモデル名は、当時のメーカーカタ
　ログに使用されている表記としました。

■本書の編集方針として、名称表記、記号表記、モデル名などは原則として各
　章内での統一としました。

■製本は、使いやすさを考え、開きやすいPUR製本を採用しました。

前ページの写真について

初代RX-7（SA）と2代目RX-7（FC）は、世界のレースで活躍し、アメ
リカのIMSA（International Motor Sports Association）では、1979
年のデビューレースでGTUクラス優勝、1990年には通算100勝を記録した。
3代目RX-7（FD）もアメリカやオーストラリアなどでモータースポーツ
に参戦し、特にオーストラリアのバサースト12時間耐久レースでは、1992
年から1994年まで3年連続で総合優勝を果たした。
前ページの写真は、バサースト12時間耐久レースに参戦した車両である。

RX-7（FD）のデザイン開発

開発段階の手書きスケッチ。FD型のデザインは、広島、横浜、カリフォルニア、欧州（当時はブリュッセル）の各デザインスタジオの協力を得て行なわれたが、これは広島デザインセンター案のひとつ

これは欧州デザインスタジオによる初期のイメージスケッチのひとつで、1950年代のル・マン24時間レースの写真とともに提案された。

カリフォルニアデザインスタジオによる案。各スタジオでは、福田成徳デザイン本部長（当時）が提唱したデザインフィロソフィー、"ときめきのデザイン"をもとに様々な案が提示された

デザインの検討風景。背後に数多くのスケッチがある。この様々なアイデアの中から市販車に向けてデザインが絞り込まれていく

欧州デザインスタジオによる案。ボディカラーは赤を基本にしているが、上部をダークカバーとしており、リアフェンダーはタイヤを一部隠すような構造で、他のデザイン案とは大幅に印象が異なる

フルスケールレンダリングのうちの一つ。欧州デザインスタジオ案をもとにしたと思われる。フェンダーやリアの処理はRX-7のイメージと大きく異なるが、開発段階では様々なアイデアが提案されていたという点が興味深い

横浜デザインスタジオによるこのフルスケールレンダリングは、上のものと比べれば市販車に近くなっているが、リアオーバーハングの長さと丸さが特徴である

広島デザインスタジオによるフルスケールレンダリングで、短めのフロントオーバーハング、キャブフォワード、小さなキャビン、ロングテール、断ち切ったテールエンドに加えて、サイドから大きく開くボンネットなどがその特色だ。それを立体化したモデルが以下の写真である

広島デザインスタジオでA案と呼ばれていたものをもとにした樹脂モデル。アメリカのレギュレーションにマッチさせたポップアップヘッドランプになっており、ボンネットの開き方もレンダリングより変更されている。このモデルがカリフォルニアデザインスタジオに送られて、カリフォルニア案と「合体」されることになる

カリフォルニアデザインスタジオの俣野努（以下トム・俣野）チーフデザイナーによる案。かつてのマツダロータリーエンジン車のものに似たエンブレムをフロントに装着し、上下2分割のテールランプも含めて、スタイルは初代コスモスポーツを思わせるものだ

横浜デザインスタジオによるスケールモデル。リアウインドーがなだらかに下がり中央が盛り上がったリアデッキにつながるデザインとなっている

カリフォルニアデザインスタジオのウー・ハオ・チンデザイナーの提案モデルで、これがベースとなり次のステージのカリフォルニアデザインスタジオ案に発展し、それと広島デザインスタジオ案が福田成徳デザイン本部長の指示により「合体」させられることになった。佐藤洋一チーフデザイナーとウー・ハオ・チンデザイナーらの尽力によりFDの最終デザインが完成する

インテリアデザインの検討風景。スポーツカーとスペシャルティカーの境目があいまいになっていた時代の中、ピュアスポーツカーに
ふさわしいデザインを求めた

デザイン案の中には、このように運転席と助手席を完全に仕切ったデ
ザインも提案されていたことがわかる。この案では、すべてのメータ
ーが垂直0指針となっている。市販車では、1999年のマイナーチェン
ジで垂直0指針のタコメーターを採用した

こちらの案でも、それぞれの座席を分けたデザインとなっている。助
手席側に「BOSE」の文字があり、当初からBOSE社と共同開発した
オーディオの採用が想定されていたことがわかる

運転席は「ドライバーオリエンテッド」をテーマにデザインされ、エ
アコンやオーディオの操作パネルなどは全てドライバーに向けて設置
された。ドアトリムのアームレスト上面は、社内基準で6度以上傾け
てはいけないことになっていたが、ドライバーとの位置が適度にタイ
トなことから、16度の傾斜を持たせることで体にフィットさせること
ができた

クロームリングを付けた5つのメーター。大型のタコメータ
ーを中央に配置するのはRX-7の伝統ともいえるもので、エ
ンジン停止時は全ての指針が左下45度になるように設計され
ていた

移転前の旧カリフォルニアデザインスタジオの屋外で2代目（FC型）と比較する、当時の内山昭朗MRA社長（左）とトム・伊野チーフデザイナー（右

広島から到着したエキスパートエンジニアと設計検討を行ない、その結果をもとに現地モデラー（後方2人）がモデルに再現、再び検討して確認という作業を繰り返した

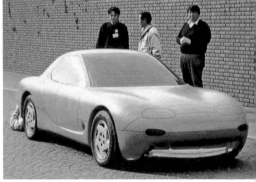

フルスケールの風洞実験用のクレイモデル。全体的なスタイルは市販車に近いが、フロントまわりのデザインは大きく異なっている

広島デザインセンターの屋上にて、ミリングマシンで切削直後の1/1クレイモデルを確認する小早川隆治主査

ヘッドランプに関しては、プロジェクターランプを用いた固定式も検討されたが、重量やコスト、ランプの奥行寸法などの制約により断念。歴代モデルと同様のリトラクタブル式となった

上の2つはカリフォルニアデザインスタジオでD案と呼ばれていたもので、それをもとに樹脂モデルにしたものが右の写真。このデザインを基本として広島デザインスタジオの案を組み合わせることになった

販車のヘッドランプは角型だが、開発中はロードスターのような丸型のランプも検討されていた

クステリアの最終デザインモデル。ボンネットの高さを先代（FC型）からさらに低くしたことで、フロントフェンダーの存在感が強されている。このモデルにはエアロウェーブルーフ（ダブルバブルルーフとも呼んだ）もすでに入っていることがわかる

テスト風景

アメリカ・アリゾナ州で行なわれたテスト中の一コマ。テスト車はその車が何であるかわからないように偽装が施されている

アリゾナを走行するテスト車。比較のために2代目のRX-7や日産フェアレディZなどのライバル車が用意され、テスト車がそれらを先導しているシーン

ドイツのニュルブルクリンクで行なわれたテスト。アリゾナと同様に2代目のRX-7やライバル車を持ち込み、さらに世界的なモータージャーナリストであるポール・フレール氏にも参画していただいた

広島県三次市にあるマツダのテストコースで、高速耐久試験を行なっているテスト車。大型のフロントグリルがあるかのような偽装が施されている

デザインやメカニズムの開発、広範囲なテストを経てデビューしたFD型RX-7。フロントオーバーハングと全長を短縮する一方で全幅を拡大、全高も低くしたワイド＆ローのフォルムは、3次元曲面により光の反射が印象的なものとなった

第1章

アンフィニRX-7 (FD)
初期型（1型）の商品紹介と技術解説

開発コンセプト

　開発チームがアンフィニRX-7（以下FD）の開発に着手した1980年代後半は、アメリカではブラックマンデーによる不況をきっかけとしたスポーツカー市場の衰退が起こった。その一方で、日本ではスポーツカー市場が急激に拡大し、スポーツカーに市民権が得られつつあった。

　そのような状況の中1990年代を考えると、環境問題はいっそう厳しくなり、また1クラス下のスペシャリティカーと呼ばれるカテゴリーの車種の性能が向上したことによりスポーツカーとしての存在意義が問われる時代になると予想された。

　このような環境変化を踏まえたうえで、FDの開発に当たっては、「よりピュアに、よりスピリチュアルにスポーツを語りたい。そして何よりも、人の心をさらに熱くする存在でありたい」。こうした視点から改めてスポーツカーとは何かを自ら問いただすところからスタートした。

　その結果、設定したのが「志凛艶昂（しりんえんこう）」という4つのキーワードだった。

　幸いにもマツダにはスポーツカーの心臓部としては、これ以上望み得ないとさえいえるロータリーエンジンがあった。また、世界で唯一実用化に成功したロータリーエンジンに対するマツダのこだわりは、初代コスモスポーツ以来、一度たりともその歩みを緩めることなく進化と熟成を積み重ねてきたこと、

さらには長年にわたりルマン24時間レースに挑戦し続けることで示してきた（奇しくもFDのデビューと同じ1991年に総合優勝を果たすことができた）。

　FDは、このロータリーエンジンの特徴を最大限に生かした、マツダにしか造り得ない、世界に誇る第一級のスポーツカーの実現を目指し、その商品コンセプトを「REベストピュアスポーツカー」と定めた。

　このコンセプト実現のために、以下の3点を最重要課題として開発に取り組んだ。

（1）オリジナリティ溢れる魅惑的なスポーツカースタイリング
（2）1990年代におけるスポーツカーの規範となる運動性能
（3）人とクルマが一つになって走る喜びを増幅するマン＝マシンインターフェイス

　オリジナリティ溢れる魅惑的なスポーツカースタイリングの実現のために、エンジンの位置を先代モデル（FC）に比べ50mm低くしてフロントミッドに搭載。フロントオーバーハングは125mm短縮し、全高も40mm縮小してロー＆ワイドなプロポーションと、光と影が織りなす艶めき溢れるスタイリングを実現した。

　1990年代におけるスポーツカーの規範となる運動性能の実現のために、改めてスポーツカーパッケー

ジングの理想の追求から取り組んだ。スポーツカーとしてのサイズの最適化、徹底した重量の低減、理想的な重量配分の実現、重心の思い切った引き下げ、ヨー慣性モーメントの低減などが、その具体的な内容だった。

特に軽量化については5kg/psを目標にあらゆる開発ステージにおいて「1グラムのムダもないか？」「今までの常識にとらわれていないか？」など徹底した軽量化活動を展開した。

また、ロータリーエンジンは、より一層の進化を目指して大幅な出力の向上に加え、高回転化、高レスポンスをメインテーマに開発を進め、シーケンシャル・ツインターボ、EGI-HSなどを採用することによって、255ps/6,500rpmの最高出力と30.0kg-m/5,000rpmの最大トルクを達成、さらにはレッドゾーンを8,000rpmまで引き上げた。

これらの結果、馬力当りの重量は約4.9kgとなり、パッケージングの革新や、アームやリンクをオールアルミ製とした新開発の4輪ダブルウィッシュボーンサスペンションの採用などと相まって、量産スポーツカーとしては比類のない運動性能を実現することができた。

しかし開発チームは、運動性能が高いというだけではスポーツカーとして決して十分ではないと考えた。そこで人とクルマが一つになって走る喜びを増幅するマン＝マシンインターフェイスの実現を目指し、ドライバーの意のままに操ることのできるシャープなレスポンス、走りのあらゆる領域における高いリニアリティーの実現にも注力した。エンジンの鋭いピックアップや、一気にレッドゾーンまで吹けあがる伸び感、シャープな回頭性と限界領域に至るまでのコントロール性、リニアリティーを徹底的に追求したハンドリング、コントロール性に優れたブレーキフィール、カチッときまる高質なシフトフィール、さらには快い緊張感と一体感を与えるドライバーオリエンテッド（ドライバーとの関係を重視した）なインテリアなどは、いずれもマン＝マシンインターフェイス実現のためのものだった。

走る喜びの増幅という意味では、米国BOSE社と共同開発した世界初の車載用アコースティックウェーブミュージックシステムを採用した。

安全、環境問題に対する対応もまた、FDの大きなテーマだった。優れたアクティブセーフティー性能の向上はもとより、ABS、LSDの全モデルへの標準

装備や、サイドインパクトバー、衝撃吸収バンパー、室内難燃材などの採用とともに、Type Xにはドライバー用SRSエアバッグを標準装備した。また、徹底した軽量化や、空力の追求、エンジン燃焼効率のさらなる向上は、環境問題に対する積極的な取り組みの一環でもあった。すべてのガスケット類はアスベストを廃し、大型のプラスチック部品にはリサイクルのために材質表示を施し「地球にやさしく、人に温かいクルマづくり」を目指した。各部の詳細についてはこの後の項で詳しく説明する。

FDのエクステリア

エクステリアデザインチームは、FDに1990年代の究極スポーツカースタイルを与えようと、ノスタルジックな世界から現代的なもの、あるいは未来的な革新的アプローチまで様々な表現を考え出した。

最終的に採用されたのは、跳躍前の猫科の動物が低く構えたようなプロポーションを加味したデザインだった。

そして、この三次曲面を多用したエクステリアデザインはマツダの技術／製造グループにもチャレンジの場を提供することとなった。その複雑で複合的曲面、深いフェンダー、シャープに楔形をしたキャノピーとリアエンドなどすべてが均整のとれた筋肉質そして同時にエレガントな金属／ガラス／プラスチックなどが見事に融合して、新しいスポーツカーのスタイルを形造った。

エクステリアデザイン

FDの大きなフットプリントと極端に短いフロントオーバーハングは、猫科の動物がまさに獲物に飛び掛かろうとして広い前足で屈み込んでいるたくましい姿をイメージさせる。

そのプロファイルは、明解にこのクルマが"フロントミッドシップ"エンジンとリアホイールドライブであることを表現した。フロントとリアのフェンダーラインは、大径のワイドタイヤ／ホイールのコンビネーションを深く包み込む曲線を描いている。ロアボディは明確なショルダーを持って、その上に引き締まったグリーンハウスを持たせた。

フロントエンドのグラフィックは中央に大きなエアインテーク、両側に小さなエアインテークを設置した。小さいエアインテークの一方の奥には空冷オイルクーラー（Type Rは両側に装備）がセットされ、冷却後の熱気は、フロントブレーキに熱害を与えないように、ホイールアーチ内側上部のダクトを

フロントバンパーに配置されたエアインテーク

オイルクーラーを通った熱気がこのエアアウトレットから排出される

突起部分を低く抑えられた設計のリトラクタブルヘッドランプ

空力特性向上のため中央を凹ませたエアロウェーブルーフ

ボディ表面の突起を一つでも少なくするためにサッシュ側に設置したドアハンドル

通ってホイールオープニング後ろに設けられたエアアウトレットから排出される。

　リトラクタブルヘッドランプのメカニズムは従来の平行四辺形動作から一般的な円周運動方式に変更され軽量化が図られた。ヘッドランプは新しくデザインされ、高さを抑えた矩形のハロゲンタイプである。

　ボンネットは70mmも低くなっているにもかかわらず、エンジンのマウント方法や、ラジエター、インタークーラーなどの配置を徹底的に見直した結果、目障りなバルジなどを付け足さずに低ボンネットを実現した。

　左右のフェンダートップはドライバーから良く見えるようにデザインされ、ドライビング時に、コースに対するクルマの位置関係を素早く把握することを可能とした。

　引き締まったキャノピーは三次元複合曲面のウインドシールドに始まり、やはり複合曲面のサイドウインドーからシャープにテーパーがかかった大きなバックランプ／ハッチと短いリアデッキへと続く。ルーフには2つのバブル状のユニークな"エアロウェーブルーフ"が設けられた。このエアロウェーブルーフは左右のバブル間の凹みが整流効果を発揮し

て、空力特性も向上させると同時に全高を低く抑えることに貢献している。

　ドアのプルハンドルはサイドウインドー後部のブラックモールと一体化し、ボディサイドが煩雑になるのを防いでいる。また車高が低くなっても自然にドアハンドルに手が届く扱いやすい位置にある。

　スポーツカーは抜き去った後ろ姿が重要と考え、憧れと余韻を感じられるようにスモークレンズを採用したテールランプが、リアフェンダー、リアデッキまわりの造形と一体になり、抜き去られた姿に個性的な印象を与えている。

　リアエンドのグラフィックは、左右のリアコンビネーションランプ間を"トリップレンズ"でつなぎ、このクルマのパフォーマンスを主張している。

　テールランプレンズと"トリップレンズ"はスモ

抜き去っていく姿を印象的にするためデ
ザインされたリアデッキまわり

ークブラック色で、ブレーキングランプやテールラ
ンプ点灯時は、スモークブラックの中からランプが
浮かび上がって見える。

　ハイマウントストップランプはボディー体式エア
ロスポイラーのエッジに組み込まれている。リアの
リフレクター、リバースランプはバンパーフェイシ
アにセットされている。

　ボディカラーは、ブリリアントブラック、シルバ
ーストーンメタリック、ビンテージレッド、コンペ
ティションイエローマイカ、モンテゴブルーメタリ
ックの5色を用意した。

　ホイールは機能的な5本スポークデザインの超軽
量アルミ製のものを、ワイドタイヤとの組み合わせ
で装着した。

空力

　スリークな外観は時として空力を裏切ることがあ
る。スポーティに見える2＋2シーターの空力特性
が、必ずしもボクシーなルーフの長いセダンより優
れているとは限らない。マツダのデザイナーと空力
専門チームのゴールは、FDのエクステリアデザイン

ハイマウントストップランプ

を無視せずに、空力特性に優れた一台に造型するこ
とであり、空力対策として次のデザインを採用した。

- 三次元複合曲面ウインドシールド
- 複合曲面フラッシュドアウインドー
- フラッシュトリムのモールディング
- 最適なリアデッキ形状と高さ
- "エアロウェーブ" ルーフ
- フロントエアダムスカート
- 抵抗とリフト低減に "ベンチュリー" 効果を狙っ
  たフラットなアンダーフロア
- 長いマウントアームを持ったサイドミラー

　さらに高性能のType Rには、より大きなフロント
スポイラー、ベンチュリータイプリアスポイラーな

電動リモコンカラードドアミラー

ブレーキエアダクト付きのフロントスポイラー

「フローティングリアウイング」と名付けられたリアスポイラー

どを装着し、リフトを大幅に減らして高速での走行安定性を向上している。

FDのインテリアと装備

　FDのインテリアデザインは、1990年代の究極のスポーツカーを操る仕事場としてベストな環境、言い換えればドライバーオリエンテッドに造った。そしてその機能的でメカニカルなイメージを追求したデザインは、エクステリアデザインとの絶妙な調和を生みだした。

形と機能

　コックピットは機能的で完全にドライバー主体に造られている。インストルメントパネルは、ドライバー正面からドアトリムへと連なり、乗員を包み込むようにしている。

　メーター類やコントロールのスイッチ類（主要なものから補助までのすべて）、シフトレバーなどの操作部分はすべてドライバーの方を向いてセットされ、理想の視界、視認性、そして位置／操作性を備えている。センターコンソールの表面までも角度が付けられ、ドアトリムさえもドライバー側とパッセンジャー側で非対称となっている。

　ドライバーの正面には深いフード付きのアーチ状メータークラスターがあり、クロームリング付き真円形の5つのメーターをセットした。いちばん大きい中央のメーターは9,000rpmまで刻まれたタコメーターでレッドゾーンは8,000rpm（AT車は7,000rpm）から始まっている。その右側にはやはり大型の180km/hまでのスピードメーターがある。左側の小さい3つのゲージは冷却水温度計、燃料計、そして油圧計となっている。

　メーター表示はマットブラック地に白の目盛、レッドの指針で、夜間はアンバー色の照明が点灯する。これらのメーター類は、クルマのあらゆる情報を的確にドライバーに伝える使命を持つため、特に正確で安定した性能のものがエンジニアリングチームの

FD（1型）Type Rのインス
トルメントパネル

Type X（MT）のインストル
メントパネル配置図

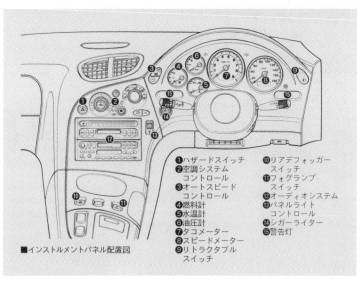

❶ハザードスイッチ
❷空調システム
　コントロール
❸オートスピード
　コントロール
❹燃料計
❺水温計
❻油圧計
❼タコメーター
❽スピードメーター
❾リトラクタブル
　スイッチ
❿リアデフォッガー
　スイッチ
⓫フォグランプ
　スイッチ
⓬オーディオシステム
⓭パネルライト
　コントロール
⓮シガーライター
⓯警告灯

■インストルメントパネル配置図

Type Rのメーター。MT車のタコメーターのレッドゾーンは
8,000rpmからとなっている

Type X（AT）のメーター。タコメーターのレッドゾーンが
7,000rpmから始まっている

本革巻のシフトノブとパーキングブレーキレバー

コーナリング時にドライバーの姿勢を安定させるために役立つ、センターコンソール側に設置されたニーパッド

パワーウインドーと電動リモコンミラーのスイッチ

表示を採用した。

　ランプ/方向指示とワイパー/ウォッシャーのコントロールはステアリングコラムから伸びる2本レバーで操作される。またヘッドランプはインストルメントクラスターリムの右側のスイッチでもポップアップさせることができる。

　センターコンソールには空調コントロール、ハザードスイッチ、そしてオーディオセットが設置されている。

　センターコンソールの水平部分の上面は若干ドライバー側に角度が付いていて、人間工学的でレザー巻きのノブを持ったシフト/セレクターレバー、そして補助スイッチ類が設置されている。センターコンソールサイドにはパッドが付けられており、高いGを受ける時にニーパッドとして機能する。

　プルタイプのパーキングブレーキはグリップがレザー巻きでシフト/セレクターレバーの内側に位置する。

　パワーウインドーと電動ミラーのスイッチはドアトリムにあり、他のスイッチ類と同様にドライバーに向かって角度が付けられている。

　ステアリングホイールはグリップ位置にディンプル処理を施して優れたグリップ感を持つ本革巻き370mm径の3スポークタイプで、Type XのステアリングはSRSエアバッグが組み込まれ、直径は380mmとなっている。

　クラッチ、ブレーキペダルはアルミダイキャスト製、アクセルペダルと標準装備の左足のフットレストはプラスチック製である。

　フロントシートはハイバックで、その構造と形状は快適でありながら、しっかりと身体をサポートする。シートは160mmの前後スライドと16ノッチのレバータイプリクライニング機構を備え、表面は新し

手で開発された。スピードメーターは電気式で、針のブレやケーブルからのノイズ伝達を防止した。タコメーターと油圧計はエンジンから直接的に瞬時に情報を伝達する。燃料計も精度が大きく向上している。トリップ/オドメーターには視認性の高い液晶

軽量かつ高剛性のアルミ製クラッチ・ブレーキペダル

軽量バケットシート

歴代RX-7と同様にFDにも2人分のリアシートが設置されている

可倒式リアシートにより481リットルの容量を実現したラゲッジルーム

ラゲッジルーム脇には工具を収納するためのツールボックスが設置されている

い素材で被われている。本革シートはType Xに標準装備される。ドライバー側シートバック後ろ側にはマップポケットを設置した。

オーディオシステム

Type Xには、アンフィニの高級オーディオブランド「スーパープレミアム・ミュージックシステム」シリーズとして、非常に革新的なカーオーディオともいえる"アコースティックウェーブミュージックシステム"が搭載された。このシステムはマツダとBOSE社が共同開発したもので、車載用スーパーウ

ーファーとしては世界初の「アコースティックウェーブガイド」をこのシステムの中核として使用している。その結果、スポーツカーの限られた空間の中では実現不可能とされていたほとんど歪みのない、

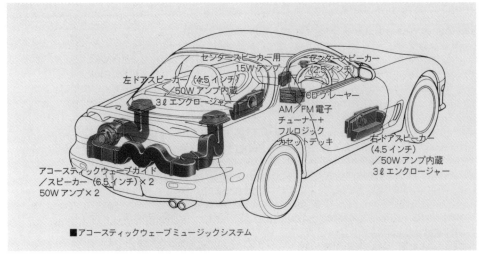

センタースピーカー用
15W アンプ

センタースピーカー
（2.5 インチ）

左ドアスピーカー（4.5 インチ）
／50W アンプ内蔵
3ℓ エンクロージャー

CD プレーヤー

AM／FM 電子
チューナー＋
フルロジック
カセットデッキ

右ドアスピーカー
（4.5 インチ）
／50W アンプ内蔵
3ℓ エンクロージャー

アコースティックウェーブガイド
／スピーカー（6.5 インチ）×2
50W アンプ×2

■アコースティックウェーブミュージックシステム

「アコースティックウェーブミュージックシステム」のシステム図

クリアかつ自然な重低音を再生して、コンサートホールで音楽を聞いているような音場・音響空間を造りだした。

アコースティックウェーブガイド（ウーファースピーカー2個を内蔵）、左右ドアスピーカー、センタースピーカー合計5個のスピーカーおよび215Wのアンプから構成されている。

アコースティックウェーブガイドテクノロジー

ウェーブガイドテクノロジーの原理は、パイプオルガンのパイプに見られる管共鳴現象、つまり音響エネルギー増幅作用を利用するものである。ウェーブガイドの特長はその増幅可能な周波数の広さにある。パイプオルガンでは、1オクターブの間に黒鍵を入れて13音階あり、すべての音を出すためには13本のパイプを要するが、ウェーブガイドテクノロジーでは、その2.5倍つまり2オクターブ半（32本分）の音をウェーブガイド1本で再生する。

FDでは、全長約2.7mのダクト内に、3：1の長

さの位置に2つの6.5インチスピーカーを向かい合わせに配置。これを100W（50W×2）でドライブすることにより、30Hz～100Hzのウーファーレンジを造りだしている。

BOSE 2 現象スイッチングアンプ

アコースティックウェーブミュージックシステムのもう一つの注目すべき点は、「BOSE 2 現象スイッチングアンプ」にある。一般的なアンプ（Bクラス方式等）の増幅能率は消費電力の約50～60％で残りは熱になる。BOSE 2 現象スイッチングアンプの能率は95％以上で、実質的には発熱量はゼロに近く、他方式のアンプに見られる放熱用ヒートシンクを必要としない。このため部品点数も極めて少なく重量も軽くなり、アンプ単体のサイズはカセットテープ一個分程度となっている。

この先進技術が50Wのハイパワーアンプをドアの中に二重密封状態で装着することを可能にした（ドア内部の温度は、炎天下にあっては摂氏100度を越え

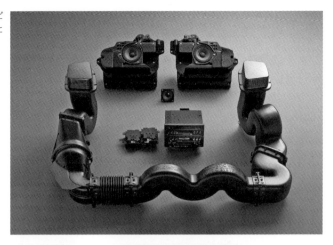

アコースティックウェーブガイドとスピーカー。中央にあるのが操作ユニットと2現象スイッチングアンプ

「アコースティックウェーブミュージックシステム」の操作ユニット。CDプレーヤーとカセットデッキが内蔵されている

アコースティックウェーブガイドを装備した状態のラゲッジルーム

る。常温でも大きなヒートシンクを必要とする従来型のアンプでは不可能な取り付け場所である）。FDでは、このアンプを左右のドアとアコースティックウェーブガイドに計4個装着している。これもまた軽量化に対して大きく寄与している。

音量の大小にかかわらず、バランスの取れた音域を保つダイナミックイコライゼーション

BOSEのスピーカー開発の基本は、音響物理と心理音響の完全融合にあるといっても過言ではない。一般的な測定至上主義の開発姿勢に対し、BOSEは常に「人間の感性と測定値の関係」（心理音響学）と「物理特性」の両面から開発を行なっている。

人の聴感特性は音量が小さくなるにつれて、特定の周波数に対し無段階状に弱くなる。BOSEのダイナミックイコライゼーションは、この聴感特性の変化をスピーカー側で、常に最適に、しかも自動的に補整するもので、従来のラウドネス補整方式とはまったく異なる。

これにより、静かに小音量で聴く音楽も、フルボリュームの劇場演奏さながらの再生音も、同様のエネルギーバランス感で楽しむことができる。

13B-REW型シーケンシャル・ツインターボエンジン

FDに搭載される13B-REW型ロータリーエンジンは、シーケンシャル・ツインターボを装備、無鉛プレミアムガソリンを使用し、圧縮比9.0：1から255ps/6,500rpmの最高出力、30.0kg-m/5,000rpmの最大トルク（いずれもネット値）を発揮する。低回転域のトルクも向上し、わずか2,000rpmにおいても

13B-REW型シーケンシャル・ツインターボロータリーエンジン

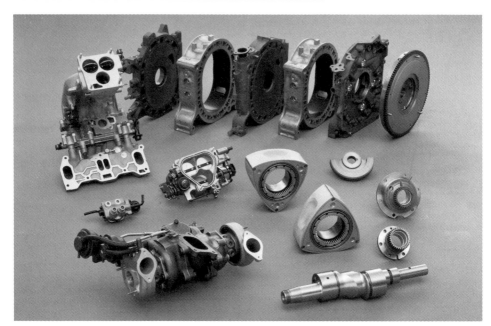

13B-REW型エンジンの主要構成部品

ローター（右）とローターハウジング

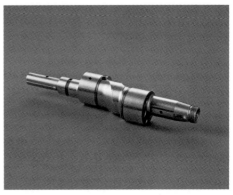

レシプロエンジンのクランクシャフトに相当するエキセントリックシャフト

25.0kg-mという強烈なトルクを発生する。また、最高許容回転数は8,000rpmに引き上げられている。

13Bの名が示すとおりこのエンジンは、ペリトロコイドのディメンジョン／ジオメトリー、1燃焼室排気量654cc（2ローターのトータル1,308cc）は従来のものを踏襲しているが、エンジン内部の主要コンポーネント、吸気、排気、冷却、潤滑、電気の各系統および電子システムは、FDに搭載するに当たって大幅に改良されている。また、レース活動を通じて得た技術、ノウハウを随所に採用したうえで高品質を確保するなど、スポーツカーエンジンにふさわしい熟成を行なっている。

エンジン本体でいえば、薄肉鋳鉄ローターの燃焼室部分（凹部）は完全機械仕上げで精度の高い圧縮圧力が確保されている。また、ローターのアペックスシール溝は硬化加工が施され対摩耗性を高めている。冷却水はローターハウジングのリーディングスパークプラグ開口部近辺まで導かれこの"ホットエリア"付近を確実に冷却する。メインメタルは真直度・円筒度の精度を高め潤滑性を向上させている。

燃料噴射と吸気

燃料噴射システムは、吸気の流れを妨げるメカニカルエアフローメーターを持たないEGI-HS（ハイスピード"スピードデンシティ"システム）を採用した。

このEGI-HSでは空気密度を専用のECU（電子制御ユニット）によって直接計量するため、正確で、しかも迅速な燃料マネージメントと吸気抵抗の低減、さらに動的過給効果の促進が可能となった。これにより、軽負荷からのスロットルレスポンスの大幅な向上と、全回転域にわたり出力性能の向上が図られている。

燃料噴射システムは各ローター当たり2つのインジェクターを備え、エンジンの燃料に対する様々な要求に応える。プライマリーインジェクターはインテークポート内のポート開口部近くに置かれ、インジェクターボディ側方から燃料を供給するサイドフィールドを用い、熱間時の再始動性に優れた効果を発揮する。セカンダリーインジェクターは吸気管の上昇部に設けられていて中高回転時に働く。ツインインジェクターへの切り替わりは負荷に応じて行なわれ、全開では2,750rpmで切り替わる。

シーケンシャル・ツインターボシステム

シーケンシャル・ツインターボシステムは、2基の小型ターボチャージャーを使い、低速域では1基、高速域では2基とターボを切り替えて使うシステムである。

低速域においては1基の小型ターボのみで過給するため、大型ターボに比べターボ回転体の慣性モーメントの減少と過給効率の改善により過給性能と過給レスポンスが大幅に改善された。そして高速域では、2基のターボで過給することによって、高い出力性能が無理なく得られた。シーケンシャル・ツインターボシステムは従来のターボに比べ、低速域(2,000rpm)の過給率で2倍、加速性能では約35%と大幅な性能向上を実現した究極のターボシステムといえる。

このように優れた特長を持つシーケンシャル・ツインターボシステムだが、実用化するためには1基のターボから2基に切り替わる時に起こる一時的な出力低下を克服しなければならない。この出力低下は、セカンダリーターボが作動直前まで停止しているため、ターボ回転が立ち上がらず十分な過給を得ることができないことにより起こり、加速中のドラ

シーケンシャル・ツインターボの外観

イバビリティを大きく阻害する。

1基から2基への切り替えをスムーズに行なうためにはセカンダリーターボをあらかじめ回転させておくことが必要となる。FDのシーケンシャル・ツインターボシステムでは、セカンダリーターボに予回転を与え、最高回転に達したところで切り替え、出力低下のない加速を実現している。

低速域では、すべての排気ガスがプライマリーターボに導かれ過給が行なわれる。エンジン回転が上昇するにつれプライマリーターボを駆動する排気ガスに余りが生じてくる。この余剰ガスをセカンダリーターボに導き予回転させる。同時に予回転で得た過給気は温度上昇を防ぐために、リリーフ通路を経てセカンダリーターボ上流に帰す。

次にセカンダリーターボを付加する直前にリリーフ通路を閉じて空気の流れを遮断することによりコンプレッサーの抵抗を減じて、セカンダリーターボの回転を約140,000rpmまで一気に高める。こうしてセカンダリーターボに十分な回転を与えた上で切り替えバルブを作動させ、セカンダリーターボにも十分な排気ガスを導き2基のターボで過給を行なう。切り替えバルブは、広範囲の運転領域において、なめらかなターボ切り替えを実現するため、エンジン負荷、スロットル開度、大気圧などのさまざまな要因変化を読み込み、最適なポイントで切り替わるようにマイコンによる緻密な制御が行なわれている。

FDの13B-REW型エンジンに装着される2個のターボチャージャーは、それぞれ51mm径9枚ブレードのタービンと57mm径10枚ブレードのコンプレッサーを持つ。タービンは"ハイフロー"曲線タイプ、コンプレッサーは"ハイバックワード"曲線タイプのブレード形状を採用し、ガスおよびエアの抵抗が低く高速域でもしっかりした回転を可能としてい

シーケンシャル・ツインターボ説明図

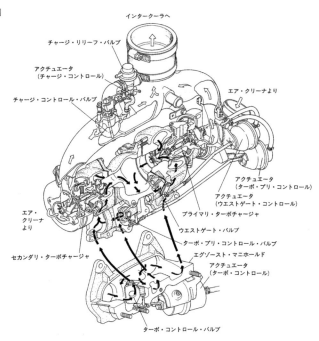

インタークーラへ

チャージ・リリーフ・バルブ

アクチュエータ
（チャージ・コントロール）

チャージ・コントロール・バルブ

エア・クリーナより

エア・
クリーナ
より

アクチュエータ
（ターボ・プリ・コントロール）

アクチュエータ
（ウエストゲート・コントロール）

プライマリ・ターボチャージャ

ウエストゲート・バルブ

ターボ・プリ・コントロール・バルブ

セカンダリ・ターボチャージャ

エグゾースト・マニホールド

アクチュエータ
（ターボ・コントロール）

ターボ・コントロール・バルブ

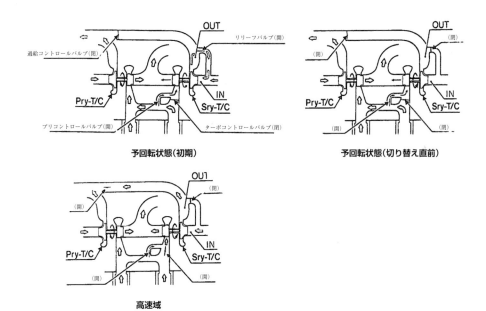

予回転状態（初期）

予回転状態（切り替え直前）

高速域

シーケンシャル・ツインターボ作動説明図

る。シーケンシャル・ツインターボチャージャーは排気ガス出口近傍のエキゾーストマニホールドに取り付けられている。また、このエキゾーストマニホールドは、排気ガスの動圧がスムーズにターボチャージャーに伝達される構造となっている。シーケンシャル・ツインターボの最大過給圧は570mmHgに制御される。シーケンシャル・ツインターボシステムにはコンパクトで高効率の空冷式インタークーラーが標準装備される。このインタークーラーはボディのフロントエンドから流れる勢いのあるエアを直

接受ける位置により小型で軽量のユニットを置いている。

動的過給システム

動的過給システムは、ローターの回転により吸排気ポートを開閉するロータリーエンジンの特徴を生かした、ターボチャージャーなどの過給機とは別の、FDのもう一つの過給システムで、1983年にコスモとルーチェで初採用された。

空気にも重さがあり、吸気ポートが開いている間はその勢い（慣性）によってハウジングに入っていくが、吸気ポートが急激に閉じられることにより、それまで流れていた空気が反射されることで圧力波が発生する。また、吸気ポートが開いた時、ハウジング内に残った高圧の排気ガスが吸気と衝突することでも圧力波が発生する。これらの圧力波を、吸気管の長さを最適化することでタイミングよく隣のローターの吸気ポートに伝えて吸気効率を高めることができる。

これまでの動的過給システムで採用されていた、エクステンションマニホールドのサージタンクと呼ばれる空間を廃止して面積変化を滑らかにするとともに、完全対向型にして圧力波の減衰や分散を抑え

ハイフロータービン　　ハイバックワードコンプレッサー

FDで採用されたタービンとコンプレッサー

空冷式インタークーラー

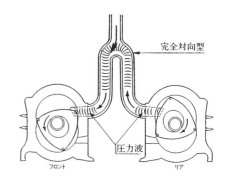

FDの動的過給システム

ることで、ロスをなくして動的過給効果を高めた。

イグニッション

　スパークプラグは、中心電極のプラチナ被覆タイプを1ローターチャンバー当たり2本持つ。

　イグニッションタイミングは電子制御され、イグニッションコイルも軽量化されたものが新たに採用された。エンジンとオートマチックトランスミッションを制御するECUは、互いに連絡し合ってギアチェンジ直前に瞬間的にイグニッションタイミングを遅角させてスムーズなギアチェンジを助けている。

エキゾーストシステム

　エキゾーストガスはツインターボチャージャーの直後でシングルチューブエキゾーストシステムに集められる。エキゾーストガスはモノリス三元触媒の2ステージで浄化され、サイレンサーはデュアルからシングルに変え多重室共鳴構造を用い排気騒音を効果的に消音している。システム全体は軽量化が図られ、排気抵抗も低められている。

冷却と潤滑

　冷却ラジエターは軽量コンパクトでその重量はわずか3.1kgしかない。クルマのフロントエンドを低く

するために下向きに強く寝かされ（垂直から58°）、全体をシュラウドで包み冷却効果を高めている。クーリングシステムは2つの高効率電動ファンを備え、それらはエンジンの冷却要求に正確に応えるため、順次3段階に回転制御されている。ウォーターポンプもその外寸が縮小され、軽量化されている。

　ロータリーエンジンのローターは、内部からオイルジェットによって冷却される。オイルジェットはサーモスタットによって制御されて、冷間時オーバークールによる燃費への悪影響を防いでいる。

　また、ローターハウジングの摺動面にも少量のオイルが導かれ、潤滑とシーリング向上の役目を果たす。新しいエンジンには電子制御されたオイルインジェクションが採用され、変化する運転状況に合わせて計量ポンプがオイルの噴射量を調節する。このローターハウジングの直接噴射システムによって、従来のインテークポートに供給する方法に比べてオイル消費量は約25〜50%減少した。

　オイルはマルチポートトロコイド式オイルポンプによって偏心ベアリングに圧送される。オイルサンプ部分（オイルが溜まる部分）はFDの強烈な動性能によって様々な力に晒される。例えば、フルブレーキング時に1.5Gにも達する瞬間的縦方向力、ハード

エキゾーストシステム

軽量化されたラジエター

Type Rは両側に1つずつ、その他のグレードは左側に設置されるエンジンオイルクーラー

なコーナリング時の1.0Gに近い横方向力などにより、オイルサンプ内のオイルレベルは58°にも傾く。こうした状態でのオイル欠乏状態を防ぐために、オイルサンプには効果的に配置された複雑な形状のバルジ付きバッフルが設けられている。

FDには空冷式エンジンオイルクーラーがクルマの左側フロントエンドにあって、専用のノーズオープニングからエアを取り入れホイールハウス上部のエアバイパスダクトを通ってオイルクーラーエアアウトレットから排出する。トップパフォーマンスバージョンのType Rではオイルクーラーを左右に装備している。

FDのドライブトレイン

FDにはR152型5段マニュアルとR4A-EL型電子制御4段オートマチックのトランスミッションが用意されている（Type Rはマニュアルのみ）。

高トルク対応のR型トランスミッションは、FCのターボモデルから使用されているものだが、最新のR152型はFD用として数多くの新しく重要な装備の追加と改良が加えられている。

特に重要なのは2、3速へのダブルコーンシンクロ化、新しいシフトリンケージの採用などにより、シーケンシャル・ツインターボエンジンの性能とレ

スポンスにマッチした、スムーズで素早いシフトを可能としていることである。

新しいR4A-EL型オートマチックもマツダの電子制御オートマチックトランスミッションシリーズの最新モデル（当時）である。従来は手動であったノーマルとパワーのシフトモード切り替えは、アクセル開度によって自動的に行なう。

ホールドモードによって1、2、3速を積極的に手動シフトしてスポーツカーならではのドライビングを楽しむこともできる。加えて、トルクコンバーターのロックアップ機構が3、4速に働き、燃費を向上させている。

ファイナルドライブはマツダのR型8インチヘビィデューティユニットである。FDのすべてのモデルに標準でトルクセンシングタイプのリミテッドスリップディファレンシャルが装着されている。このトルセン式LSDはFCの限定モデルである∞（アンフィニ）IVに採用され、"スムーズで確実な作動"と賞賛されたものと同タイプである。

パワーユニットとファイナルドライブは高張力鋼板製のパワープラントフレーム（P.P.F.）で結合され一体化されている。パワープラントを一体構造化することにより、ドライバーの加減速の指令にホップ、スナッチ、ジャダー（振動）などなしに反応し、驚くほど"エンジンが爪先に直結している"感触が得られる。パワープラント全体はサスクロスメンバー構造上の4つの広く分配されたマウントベースに取り付けられる。

R152型5段マニュアルトランスミッション

クラッチはダイアフラムスプリングを用いた乾燥単板式で、プレートの外／内径はそれぞれ236/160mmである。クラッチは油圧作動でそのメカニズ

5段マニュアルトランスミッション主要構成部品

ムは通常のプッシュタイプに代えて高剛性プルタイプを採用した。クラッチは、クラッチペダルで操作される円盤状のダイアフラムスプリングのてこの動きでオンオフされる。プッシュタイプでは、クラッチペダルを踏むとスプリングの中央部分が押され、周囲の部分がシーソーの様に持ち上がり、そこに連結されているウェッジカラーという摩擦板がクラッチディスクから引き離されることで動力が切断される。これに対してプルタイプは、クラッチペダルを踏むと、スプリングの中央部が手前に引かれる。この動きに伴ってウェッジカラーはクラッチディスクから引き離される。これにより、軽い力でクラッチを押し付ける力を大きくすることができる。

FDはプルタイプの採用によりクラッチのつながりのレスポンスが向上し、シフトフィールを大幅に改善している。クラッチペダルの踏力は、ペダルストローク後半を軽くして操作性を向上させている。

ギアボックスは、ボルグワーナータイプシンクロメッシュを全ギアに備えている。ケーシングは、4ピースのアルミ製で、2、3速ギアがダブルコーンシンクロナイザー付きとなっている。このシンクロナイザーシステムは、2つのボークリングとその間にダブルフェイスコーンを持っている。これによってリングとコーンの摩擦面がおよそ2倍となり、大きな摩擦力を生みだし、シンクロ効果を高めスムーズなギアチェンジを実現している。

人間工学的に造られた革巻きのシフトレバーのレバー比も、縦横とも短いストロークになるように最適な比率が選ばれている。例えば、ノブの上端でニュートラル～サード間（縦）は50mmで、もともと

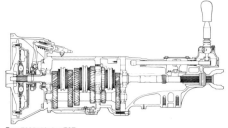

■マニュアルトランスミッション構造図

5段マニュアルトランスミッション構造図

ショートストロークのシフトノブ

ショートストロークの従来モデルより5mm短く、同様に1〜2速と3〜4速ゲート間（横）は30mmでやはり5mm短くなっている。レバーそのものはニュートラルポジションで直立し、ドライバーの手が自然に降りるところに位置している。

R152型トランスミッションのレシオは1速が3.483、以下同様に2速2.015、3速1.391、4速1.000、5速0.806、後退3.288、そしてファイナルドライブレシオは3.909（Type Rは4.100）となっている。

R4A-EL型電子制御4段オートマチックトランスミッション

R4A-EL型電子制御4段オートマチックトランスミ

ッションは、マツダ最新（当時）の高性能フロントエンジン・リアドライブ用オートマチックトランスミッションである。FDに搭載するにあたり、ロータリーエンジン用に開発された新しい高効率のGDD型トルクコンバーターを組み合わせている。このGDD型トルクコンバーターは楕円形の断面を持つコンパクトなユニットで、2.1：1のストールトルク比を持ち、ストール回転数は3,000rpmとなっている。

トルクコンバーターにはロックアップクラッチが設けられており、3、4速を直結にして燃費を向上させている。

R4A-EL型は1組の4段ユニットとしてデザインされていて、センターケーシングには2組のプラネタリーギアを擁している。このデザインは機械的に効率が良くコンパクトな設計とすることができる。

ギアチェンジとロックアップはトランスミッションコンピューター（ATCU）によって制御され、油圧によってギアチェンジおよびロックアップを行なう。

エンジンのECUとトランスミッションのATCUは互いに連絡しあい、スムーズなギアチェンジのために、シフト直前に瞬間的にイグニッションタイミングを遅らせてトルクを低下させ、シフトショックを低減している。

R4A-EL型はノーマル、スポーツ、ホールドの3モードのシフトスケジュールを持っている。FCと異なり、ノーマルとスポーツ間は、速度とアクセルペダルの動きに応じて自動的に切り替わる。セレクターノブの小さなプッシュボタンで選ぶホールドモードは、1、2、3速のギアをドライバーが任意に選びホールドすることができる。このモードでは山間路やすべりやすい路面において、2速あるいは3速を選択することができる。また安全対策として、ホールドモードのDレンジ（3速ホールド）でも、クル

4段オートマチックトランスミッションのセレクターノブ

左右輪に最適なトルクを配分しなおす"トルセン"LSD

マが停止すると、トランスミッションは自動的に3速から2速にシフトダウンされ、再スタートに十分な加速力を確保する。

　R4A-EL型のギアレシオはシーケンシャル・ツインターボロータリーの出力特性をフルに活かすように、1速3.027、2速1.619、3速1.000、4速0.694、後退2.272、ファイナルドライブレシオ3.909の組み合わせとなっている。

リアディファレンシャルと"トルセン"LSD

　リアディファレンシャルユニットはビルトインタイプの高剛性デフキャリアーによって保持されたR型で、ファイナルギアは8インチ41枚歯のハイポイドリングギアと10枚歯のピニオンギア、または43枚と11枚の組み合わせが鋳鉄ケーシングに納められている。そして"トルセン（Torsen）"リミテッドスリップディファレンシャルが標準で組み込まれている。"トルセン"という名称はこのたいへん巧妙で効果的な装置の登録商標（株式会社ジェイテクト）で、「トルク・センシング：Torque-Sensing」のそれぞれの語頭「トル：Tor」と「セン：Sen」を組み合わせたものである。

　このリミテッドスリップディファレンシャルはそのケーシングと、内部の6個のウォームホイールギ

アと一体となった12個のスパーギア、左右のハーフシャフトにつながる2個のウォームギア（通常のディファレンシャルのサイドギアに当る）とスラストワッシャーから構成されている。ウォームホイールギアはその上下にスパーギアを持つ。このウォームホイールギアとスパーギアを組み合わせたもの2セットを一組としてウォームギアのまわりに正三角形をなすように3対が置かれている。一対のウォームホイールギアは上下のスパーギアが噛み合い、ウォームホイールギア自体はそれぞれのウォームギアと噛み合っている。左右のギアセットはケーシングにジャーナルピンで保持され、ドライブトルクはケーシングから入力され、それぞれのウォームギアセットを通して左右の出力（ハーフ）シャフトに伝達される。

　各ウォームギアの端部は反力によってスラストワッシャーとケーシング端面に押し付けられ、摩擦力を生み出す。摩擦力はウォームギアの歯面からも発生し、トルク入力に比例する。これらの摩擦力が左右の出力シャフトに均等に伝わる状態では、直進安

定性が高まる。

　左右のホイールに速度差が生じると、ディファレンシャルケーシング全体は左右のシャフト回転速度の平均で回転する。ウォームギアとワッシャーとケーシングの組み合わせから発生する摩擦力は、速度の早い方のシャフトには減速力として、遅い方のシャフトには加速力として働く。結果として早く回転しているシャフトにかかるトルクは減じられ、一方遅い方のシャフトにはより多くのトルクが配分される。

　トルセンシステムは3〜4：1というたいへん優れた〝トルクバイアスレシオ〞を持ち、この値は一般的な多板式リミテッドスリップディファレンシャルの1.5〜2倍となっている。トルセンシステムがさらに優れるのはそのトラクションコントロール性で、エンジンの高トルクを路面にスムーズに伝えることができる。

　また、このシステムはABSとも完全に融合している。

　ファイナルドライブのハーフシャフトは左右等長で、それぞれインナーはトリポートジョイント、ア

ウターはボールジョイントを介してドライビングホイールへのスムーズな動力伝達を確かなものとしている。

パッケージング

　スポーツカーの運動性能（動質）を決定する最も大事な要素は、最適なサイズとともに車のパッケージングの良否である。人間における体格、体質にも相当する車格、車質を決定するのがパッケージングである。優れた動質を生むためには軽量かつ重量配分が50：50で低重心、さらに小さい慣性モーメントでなくてはならない。また骨格がしっかりしていること、つまりボディ、シャシー、パワープラントの剛性を高めるパッケージングを選択することも重要なことである。

　FDのパッケージングはこれらの実現を最優先に決定した。その第一がRX-7の最大の特徴であるフロントミッドシップのエンジン配置であり、このことが50：50の重量配分を実現できた最大の要因でもある。また低重心を実現するためエンジンをFC比50mmも低くマウントしている。これはパワープラ

〝トルセン〞LSDを内蔵した
デフユニット

駆動系の剛性を上げることでトルク伝達の遅れを最小限にするとともに安全性にも貢献するパワープラントフレーム（P.P.F.）

ントフレーム（P.P.F.）構造を採用し、ミッションマウントを廃止することにより実現できた。このようにエンジンを低く配置できたことによりドライバーのヒップポイントもFC比50mm低くでき、アイポイントのダウンと同時に低重心化に寄与している。

ガソリンタンクはFCと同様にリアフロアの下に配置している。またスペアタイヤは、FCのリアフロア縦置き方式から横置き方式に変更し、さらにホイールをアルミ化することにより、オーバーハング部の重量を軽減している。このレイアウトはスポーツカーといえども大切なラゲッジスペースの確保を可能にし、実用性とスポーツカーとしての運動性能を両立させたものとしている。さらにフロントサスクロスメンバーとリアサスクロスメンバーはボディにリジッドにマウントするレイアウトとし、またフロント、リアストラットバーやトンネルメンバーをレイアウトすることにより高剛性なスペースモノコックボディを実現している。

このようにフロントミッドシップ、P.P.F.、スペースモノコックボディ等を可能にしたパッケージングがFDの高い運動性能を実現する基本となっている。

一体式パワープラントとマウント

FDのパワーユニットとリアディファレンシャルはP.P.F.によって結合され一体化されている。

P.P.F.は動的、静的に大きな力に耐えるだけでなく、可能な限り軽量でなくてはならない。P.P.F.のメインフレームは十分な強度を得るため高張力鋼板で造られ、軽量化のために大胆な軽減孔が開けられている。さらにこのフレームは、制振鋼板で作られたインナーフレームで補強される。そしてインナーフレームとメインフレームは閉構造を形成している。

P.P.F.はトランスミッションケース後端とディファレンシャルケース前部にボルト止めされ、高剛性パワープラントを構成している。

パワープラントは前後各2箇所の計4箇所でサスクロスメンバーにマウントされる。エンジンの後端部を支持するフロントマウントは、左側には液体封入マウントが、右側は圧縮ラバーマウントが使用されている。リアのマウントは圧縮剪断ラバーマウントでディファレンシャルケースの後頭部に付く。

一体化されたパワープラントマウントの縦方向スパン（前後マウントの中心間距離）は2,150mmと長

く、スタート時にディファレンシャルケースに働く反力を減少させ、ドライビングトルクをよりダイレクトでリニアに路面へ伝達することができる。また、パワーユニットのピッチングが減少したため、トランスミッションのシフトフィールもより正確でダイレクトになった。

P.P.F.は全体の構造剛性にも貢献する一方で、十分なクラッシャブル機能を備えている。万が一の正面衝突事故の場合、P.P.F.自体が段階的に変形して前部からの衝撃を吸収し、最後にディファレンシャルケースを下方に回転させてフューエルクンクに衝撃が伝わるのを防ぐ。

FDのシャシー

FDのシャシーは、「スポーツカーはドライバーの命令にナチュラルにリニアに従わなくてはならない。そして、クルマは決してドライバーの意思や期待を越えて過剰に反応してはならない。」というエンジニアの言葉どおりに、瞬間的で自然でリニアな反応を示すシャシーを造り上げることを開発の狙いとした。そのためエンジニアたちは、各種の電子制御や油圧制御によるサスペンションコントロールを排除した。

FDのサスペンションは4輪ダブルウィッシュボーンタイプで、上下のアーム／リンクは不等長となっている。このタイプのサスペンションは最適なキャンバー特性を持ち、サスペンションの動作中も最小限のキャンバー変化で路面に対するタイヤの接地力を維持することができる。

FDのサスペンションは、こうした基本性能をさらに高めるべく、アーム／リンケージの配置と様々なピボット位置／ブッシュ類の選択などによる巧妙なジオメトリーコントロール思想（4輪ダイナミックジオメトリーコントロール）によって開発された。

サスペンションは次の4項を重点項目として開発された。

（1）すべてのサスペンションアーム／リンクは、可能な限り、外力／負荷の入力をしっかりと受け止める位置に正しく配置する。バネ下重量の軽減のためにそれらはアルミ合金製とする。

（2）サスペンションの性能を十分に発揮させるためにしっかりしたベースにマウントする。そのために十分な強度を持つスチール製サスクロスメンバーをボディシェルにしっかりとボルトで固定させる。

（3）ボディシェルは高い剛性を持たなければならない。その一方でスポーツカーの動力性能に有利に働くパワーウェイトレシオに貢献しなくてはならない。この相反する条件を満たすために、新たに〝スペースモノコック〟ボディを開発する。

（4）バネ下重量は可能な限り軽いこと。アルミ製のアーム／リンク、ハブサポート、ホイール、ブレーキキャリパー、ダストカバーのほかに、タイヤも軽量素材を用いた超高性能軽量なものを開発する。

FDは、当時としては例外的に軽い大径ワイドリムのアルミホイールに225/50R16サイズの軽量・高性能タイヤが組み合わされている。

ステアリングはエンジン回転数感応式パワーアシストが付いたラック＆ピニオン式で、ブレーキは4輪ベンチレーティッドディスクでフロントには4ポットアルミキャリパー、リアにはシングルポットキャリパーが採用され、タンデムのバキュームサーボユニットでアシストされている。また、4輪アンチロックブレーキシステム（ABS）が全モデルに標準装備されている。

フロントサスペンション

完全なA字形をしたアッパーアームは溶湯鍛造アルミ製で、高剛性ボディシェルに直接マウントされる。

より大きな負荷を受けるロアAアームはL字形に近い鍛造アルミ製で、スチール製のサスクロスメンバーにマウントされる。ロアアームにはスプリングを同心上に持つショックアブソーバーが取り付けられている。

中空のスタビライザーはコントロールリンクによってロアアームに取り付けられている。このコントロールリンクは、ロアアームを貫通し、優れたリンク効果を発揮する。ロアアームとの接合部分には、ピローボールが使われ、スムーズでリニアなコントロールを実現している。ナックルは鍛造スチールで造られている。

サスペンションのピボットとブッシュ性能は、クルマの運動性能と乗り心地に大きな影響をおよぼす。一般的に用いられるラバーブッシュは、繰り返し受ける振り変形に耐えるだけのラバーボリュームを必要とする。ブッシュラバーのボリュームを大きくしていくと、サスペンションの剛性が低下してしまい、正確なハンドリングを望むことはできない。

スポーツカーとして第一級のハンドリングを実現するために、マツダのシャシーエンジニアは、信頼性と剛性の相反する問題を、摺動するインナーブッシュを内部に持つ"すべりブッシュ"で解決した。このラバーブッシュは内部に摺動するカラーを持ち、そのカラーの動きでラバーの振り変形を防止し、最適な横剛性、キャンバー剛性、アーム揺動を得ることができる。

すべりブッシュはアッパーAアームのボディ側ピボット、ロアアームのフロントボディ側ピボット、そしてショックアブソーバーマウントに使用されている。ロアAアームのリアマウントは液体封入ブッシュが用いられている。アッパー／ロア両Aアームのホイール側ピボットとタイロッドのピボットはボールジョイントが使われている。

Type Rには強化されたショックアブソーバーとともに、ストラットバーが装着されている。

リアサスペンション

リアサスペンションは、アルミ製アッパーAアームとアルミ鍛造製I型＋トレーリングリンクのロアア

アルミ製のアッパーアームやロアアームを採用したフロントサスペンション

ームによるダブルウィッシュボーンタイプで、トーコントロールリンクを持つ。

アッパーアームは、トラス構造のスペースフレームタイプサスクロスメンバーにすべりブッシュを介してマウントされている。ロアアームはサスクロスメンバーにピローボールブッシュを介して取り付けられ、高い横剛性とキャンバー剛性を得ている。ハブサポート側にはピローボールを採用してサスペンション剛性を向上させている。

リアハブサポートはホイール軸前方、上下ウィッシュボーンの中間の高さで横置リンクに支持されている。このリンクは両端をピローボールでマウントされていて、ロア横置Iアームとともに台形を成す。リアハブサポートは溶湯鍛造アルミ製である。

リアサスペンションには標準でスタビライザーが装備されている。スタビライザーはアッパーアームにボールジョイント式プラスチックリンクを介して取り付けられている。

コイルスプリングとショックアブソーバーはアッパーアームに同心でマウントされている。

全車にストラットバーが装着され、さらにType Rにはフロントと同様に強化されたショックアブソーバーが装着されている。

4輪ダイナミックジオメトリーコントロール

FDのサスペンションは、路面とタイヤの関係を常に最高の状態に保つための"4輪ダイナミックジオメトリーコントロール"と呼ばれるコントロール機能を持つ。これは、4輪ダブルウィッシュボーンタイプとし、より理想的なバンプ・キャンバーコントロールを実現したうえで、コーナリング中にタイヤに働く横力に対する横剛性とキャンバー剛性を高くし、横力に対するキャンバー変化を小さくしている。

さらにクルマの走行状態に最適なトーを前後輪に与えることによって、リニアな動きと安定性を両立させている。

フロントサスペンションのトーコントロール

（1）コーナリング時

コーナリング時の横力はタイヤ接地中心点よりや

フロントと同様にアッパーAアーム等をアルミ製としたリアサスペンション

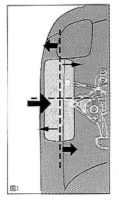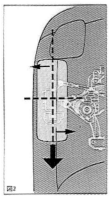

フロントサスペンションのトーコントロール。左がコーナリング時、右がブレーキング時

や後方で発生する（中心点から横力の入力点までの距離をニューマチックトレールと呼ぶ）。一方、アッパーアームとロアアームによって作られるキングピン軸は入力点より前方にあるため、タイヤに発生した横力はキングピン軸を中心としたトーアウトモーメントを発生する。さらに、アームの長さや位置を最適にすることによって適度なトーアウト（ロールステア）を発生させる。また、サスペンション剛性を最適化することによって適度なトーインステア成分を作りだし、これによってコーナリング中に発生するトーアウトを緩和し、機敏な運動性能と安定したコーナリング性能を両立させている。

（2）ブレーキング時

フットブレーキによる制動力はタイヤの接地面に後向きに発生する。FDでは、この入力点に対しキングピン軸を内側に設定して、制動時にトーアウトモーメントを発生させている。また、急ブレーキ時には、そのときに発生するノーズダイブによって、さらにトーアウトが発生するようなアームレイアウトとして、ブレーキング時の高い安定性を実現している。

リアサスペンションのトーコントロール

（1）コーナリング時

フロントの場合とは逆にリアのキングピン軸は横力入力点より後方にあり、タイヤに発生した横力はキングピン軸を中心としたトーインモーメントを発生する。さらに、コーナリング中に起こるロールによってもトーインが発生する。

リアサスペンションでは、アームやリンクのピボット位置とブッシュのたわみ特性を最適化することで適度なトーアウトステア成分を作りだし、キングピン上に発生するトーインモーメントを緩和してコーナリング時の機敏な運動性と安定性を得ている。

（2）ブレーキング時

リアサスペンションはブレーキングによって僅かながらリフトを起こしトーアウト成分を発生する。これに対し、キングピン軸を制動力入力点より外側に設定することによってトーインモーメントを発生させ、制動時のトーアウト成分を打ち消す。さらに、ロアアームとトーコントロールリンクで形成する台形リンクの効果によって、制動時のタイヤを僅かに後方に移動させることによって、さらなるトーインステア成分を生みだし、ブレーキング時の高い安定性を実現している。

（3）加速時

加速時の駆動力はホイールセンターに前向きに発生する。FDでは、この入力位置より内側にキングピン軸を設定することによって駆動時にトーインモーメントを発生させている。また、加速による重心移動のため起こるわずかな尻下がり現象もトーイン成分を発生させる。一方、ロアアームとトーコントロールリンクで形成する台形リンクの効果によって、駆動時のタイヤのわずかな前方移動でトーアウト成分を生みだし、これによってキングピン軸に発生し

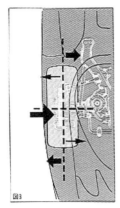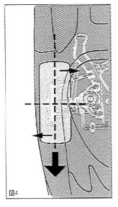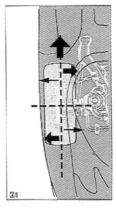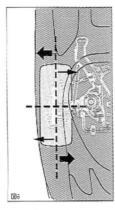

リアサスペンションのトーコントロール。左からコーナリング時、ブレーキング時、加速時、エンジンブレーキ時

たトーインモーメントを緩和している。

　こうした働きにより、直進時のみならず、微妙な
アクセルワークを必要とするコーナリング時にも機
敏さと安定性を確保している。

（4）エンジンブレーキ時

　エンジンブレーキによる制動力はホイールセンタ
ーに後向きに発生する。これによりキングピン軸周
りにはトーアウトモーメントが発生する。また、ノ
ーズダイブからくる僅かなリフトもトーアウト成分
を生みだす。一方、台形リンクの効果によって、加
速時とは逆にトーインステア成分が発生し、これに
よってキングピン軸に発生したトーアウトモーメン
トを緩和して、微妙なエンジンブレーキ操作を必要
とするコーナー進入時でも機敏さと安定性を確保し
ている。

4輪ダイナミックジオメトリーコントロール概念

　前項で述べたトーコントロールは、サスペンショ
ンへの入力を個別に説明したものだが、実際の走行
時ではこれらの要素が複雑に絡み合った状態とな
る。そこで、ブレーキング（フット/エンジン）、ピ
ッチング（ノーズダイブ/スクォット）、ロール、横
G、加速というクルマのすべての挙動を同時に考慮
してタイヤの動きをコントロールしようとしたのが
4輪ダイナミックジオメトリーコントロールである。

　タイヤは、その回転軸をアップライト（フロント
はナックル、リアはハブサポート）に固定されてい
る。このためタイヤをコントロールするためにはア
ップライトを支えている3つの頂点であるアッパー
ボールジョイント、ロアボールジョイント、コント
ロールリンク（フロントではタイロッド、リアでは
トーコントロールリンク）ボールジョイントの動き
をコントロールしなければならない。

　ここでは、フロントのロアアームボールジョイン
トを例にしてその動きを説明する。

　まず、ロアアームのボールジョイント部をA、フ
ロント側ピボットをB、リア側ピボットをCと仮定
する。

　サスペンションのストロークにより、AはB-C軸
を中心として半径B-Aの円弧を描いて動き、この軌
跡をA'-a'とする。

　ドライバーがブレーキを踏んだ場合、Aには後向

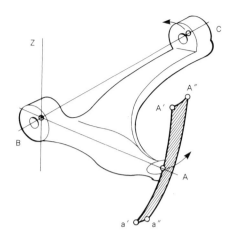

フロントロアアームの移動範囲説明図

（1）球の半径（アームの長さ）を変える

（2）球の相対的な中心間距離（アームの相対位置）を変える

（3）球面の扇型の範囲（ブッシュの特性）を変える

　これらのいずれか、あるいはすべてを変えれば良いことになる。

　こうした考えに基づき設計されたのがFDのサスペンションで、クルマのダイナミックな動きに合わせてタイヤを最適な位置に置くことで卓越した操縦安定性を実現している。

ホイールとタイヤ

　FDは全モデルが、超軽量16×8JJインチのキャストアルミホイールを装着している。ホイールデザインは5本スポークで、ブレーキ冷却に最大の効果を挙げている。このホイール重量は7kgと軽量で、通常の14インチアルミホイールと同等の重さとなっている。

　タイヤはFD専用に開発された高性能225/50R16サイズで、TypeSとXにはVR、TypeRには超高性能ZR

きの制動力が加わり、その力はABCの位置関係によりCに対する内向力となる。そのためCにあるブッシュがわずかにたわみ、AはB上に垂直にあるZ軸を中心とした円弧を描いて後方に移動することになる。

　さらに、ブレーキングはノーズダイブ（サスペンションストローク）を伴う場合がほとんどのため、AはA'でなくA″へ、aはa'でなくa″に移動することになる。つまり、AはBを中心とした球面上のA'、A″、a'、a″で囲まれた扇型の範囲を、クルマの様々な状況によってダイナミックに移動していると考えることができる。

　アッパーボールジョイントとコントロールリンクのボールジョイントもこれと同様の動きをするため、アッパーボールジョイント、ロアボールジョイント、コントロールリンクで支えられた三角形（フロントではナックル、リアではハブサポート）は3つの球の表面に接し、その上をすべるように移動している。

　これが走行中のサスペンションの動いている状態で、タイヤの動きを変えるためには

Type Rに装着されるブリヂストン社製「エクスペディアS-07」225/50ZR16タイヤ。「S-07」はRX-7専用開発であることを表している

軽量化のためにアルミ製としたスペアホイールとジャッキ。ジャッキはドイツ製

タイヤが装着される。これらも軽量で各10.5kg以下となっている。スペアホイールとタイヤは16×4Tアルミホイールに T135/70D16のスペースセーバーテンポラリータイヤで、ラゲッジコンパートメント下に置かれる。また標準装備のジャッキもアルミ製で軽量化を図っている。

ステアリング

ステアリングはラック＆ピニオン式でエンジン回転数感応式パワーアシストが付く。ステアリングギアのマウントブラケットはサスペンション／パワーユニットをマウントするサスペンションクロスメンバーに一体化され、支持剛性を向上させている。

ダブルジョイントのステアリングコラムは、スムーズな作動のためにジョイントの折れ角を小さく設定している。コラムには、テレスコピックコラプシブル部分が設けられているが、これは衝突時の激しい衝撃に対して2段階に縮む。ステアリングホイールはウレタンリムに本革巻きの3本スポークタイプで、直径は370mm。センターパッド部分にSRSエアバッグを組み込んだType X用のものは380mmとなっている。

パワーステアリングポンプは、軽量コンパクトなプラスチック製タンク一体型のものが採用されている。流量はアイドル回転時にいちばん多く1,500rpm付近から徐々に減少し5,000rpm付近でほぼ一定になってオーバーアシストを防ぎ、正確でリニアなステアリングレスポンスを提供する。

ステアリングギアレシオはクイックな16.6：1で、ステアリングホイールのロックトゥロックは2.9回転で、回転半径は5.1mとなっている。

ブレーキとABS

FDのブレーキシステムは4輪ベンチレーティッドディスクブレーキにABSを加えた強力なシステムを採用した。ディスクサイズは大径16インチホイールの恩恵をフルに受けて外径（294mm）がFCと比べて大幅に拡大されている。

ディスクのインナーベンチレーションフィンは1本おきに肉抜きされ冷却性能を向上させるとともに、バネ下重量の軽減にも貢献している。

ブレーキキャリパーは、フロントがアルミ製ボディ対向4ピストンタイプで、リアがシングルのフローティングピストンタイプである。ブレーキアシストは8インチ×2個のタンデムバキュームサーボと大型化し、これに合わせてマスターシリンダーも15/16インチと大型化を図り、確実な制動力を得ている。

フロントエアダムの左右にはブレーキ冷却用の空気取り入れ口が設けられている。また、フロントフェンダー内に置かれたエンジンオイルクーラーを冷却した後の熱気を専用のダクトを通してホイールオープニング後方のアウトレットから排出し、ダンパーやブレーキを熱害から守る構造としている。

ブレーキの油圧は前後に分割されたデュアル回路

フロントベンチレーティッドディスクブレーキ

フロントディスクブレーキに採用された対向４ピストンタイプのブレーキキャリパー

リアベンチレーティッドディスクブレーキ

で、リアの回路には圧力制御バルブが設けられている。ドライバーの指令は剛性の高いアルミ製ブレーキペダルを介してシステムに伝達される。

FDには電子制御４輪アンチロックブレーキシステムが標準で装備されている。このシステムは４センサー・３チャンネルタイプで、４つの独立したホイールスピードセンサーが各ホイールの回転差を読み取り、３つのコントロールチャンネルがフロントは左右別々に、リアは集中的に制御している。

アクチュエーターは軽量コンパクト型で、優れた性能を発揮するとともにエンジンルーム内の省スペース化に貢献している。

FDのボディ

マツダのデザイナー／開発エンジニアは、FDがその性能／運動性にまた一つの大きな跳躍を見せることを目指した。シーケンシャル・ツインターボエンジンは20％以上の出力向上を図った。一体的なパワープラントはドライバーの指令に瞬時に反応してラインを変える。新しいダブルウィッシュボーンサスペンションと超ワイドタイヤは、執拗なグリップを生じ0.9G以上の旋回加速度を発生する。大型化されたブレーキは凄まじい減速とストッピングパワーを与えている。

しかし、これらの要素を十分に生かすためには例外的に高い剛性を持つボディが必要となる。しかも開発チーム全体には軽量化という大きな目標があり、ボディエンジニアは重量とも戦わなければならなかった。

ボディエンジニアはこの難題に対し〝スペースモノコック〟と呼ばれるボディを創りだした。これは通常のセミモノコックボディに、少量生産の超高性能スポーツカーやレーシングカーに用いられるマルチメンバースペースフレームの長所を取り入れたもので、軽量化と高剛性を見事に両立させることに成

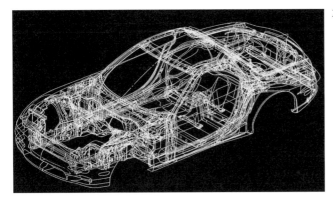

功した。

　FDのボディは、曲げ／振り剛性が大幅に向上しているが、ホワイトボディの重量はすべてのリッド／ドアを含めてもFCとほとんど変わらない。

ボディ構造

　FDのアンダーボディにはレイアウトの許す限り真直ぐに延びた大断面の縦メンバーが走っている。背の高いボックス断面のフロントフレームはいちばん前のクロスメンバーからキャビン中間まで延びている。サイドシルの断面も大きく、しかもデュアルボックス断面となっている。センタートンネルもまた背が高く大きな断面を持っている。リアのサイドフレームは4番目のクロスメンバーに始まり、最後尾である5番目のクロスメンバーに至る。その前端はサイドシルにしっかりと結合される。

　縦フレームの支えとなるクロスメンバーは全長に渡って5本設けられている。最前部のクロスメンバーは2ピース構造で、重要な左右Aピラーの基部は大きなトルクボックス構造によって十分な強度が持たされている。

　アッパーボディのパッセンジャーコンパートメント周辺はフロントヘッダーを含めてすべて閉断面構造で強固なケージ状構成をしている。

　フロントスプリング／ショックアブソーバーマウントあたりの重要なボックス断面は、構造接着と溶接を組み合わせた"溶接−接着"工法によって強化されている。

　フロントバルクヘッド下部には、騒音を抑制するために制振鋼板と制振材を併用している。

　コンピューター解析によるシミュレーションがボディシェルのデザインにフルに活用された。

　実験室やテストコースで得られたテスト結果は、エンジニアリングチームのもとに伝えられ、いっそうの強化リファインが実行された。例えば、サイドシル内部には"ミニ・バルクヘッド"がビルトインされた節構造をとっている。またセンタートンネル床下の開口部は3本のアルミ製の橋渡しが追加されている。リアサスクロスメンバーのトーコントロールリンクピックアップを補強するため、最後部のトンネルバー両端からダイアゴナルバーが延ばされた。この結果サスペンションリンクは非常に強固なマウントベースを持つことになった。

　左右のリアサスペンションタワーは横置のタワーバーで結合され、サスペンション取り付け剛性や、ボディ全体の静的および動的剛性を高めている。タ

Type Rに装備されるフロントストラットバー

全車に装備されるリアストラットバー

ワーバーはラゲッジルームを横切るが、ラゲッジスペースへの影響はほとんどない。Type Rでは角断面タワーバーがフロントサスペンションタワーの左右を突っ張りながら支えている。さらにフロントサスペンションのショックアブソーバーのスプリングマウント構造は、前後方向に置かれた閉断面メンバーで、左右とも補強されている。

フロントとリアのサスクロスメンバーは、ボディシェルに強固にボルト固定され強度を増している。

強度と軽量化のため、スペースモノコックボディには広範囲に高張力鋼板が用いられている。

また、腐食防止対策として、防錆鋼板がボディ内外のメンバーやパネルに広範囲に用いられている。

バンパーシステム

フロントとリアエンドは、ボディと一体化された弾力のある熱可塑性（ねつかそせい）ウレタン製のフェイシアでカバーされている。

ボディ最前端と最後端に置かれるバンパーシステムにはエネルギー吸収性能と、軽量化という相反する要素が求められる。FDのフロントバンパーはブロー成型プラスチックバーで、一方のリアバンパーはアルミ製の突き出しバーで補強されている。

軽量化の追求

FDの開発に当っては、スポーツカーとしての運動性能を大きく左右する重量の低減を技術上の最重要課題のひとつとして取り組んだ。

軽量化の目標は当初から馬力当り荷重5kg/ps以下と設定し、デザイン、レイアウト、詳細設計、材料選択などあらゆるステージでグラム単位の軽量化を繰り返し実施した。「ZERO作戦」と名付けたこの軽量化活動は試作図面の段階から量産部品に至るまで、のべ6回にも及ぶものだった。

これ以上1gも軽量化することはできないか。スペシャリストとしての経験の長さが、かえって未知の可能性に目をふさがせる結果となっていないか。

開発チームはあえてFD担当外のエンジニアたちの自由奔放な意見を募ることさえした。設計者が心血を注いで書き上げた図面は実に様々なメモ書きで埋まったが、その中にはいくつもの素晴らしいアイディアが混じっていた。

重量の目標を達成するのに講じた処置には枚挙にいとまがないが、いくつかの例を挙げてみる。

FDのデザインレイアウト領域ではガラス面積も従来モデルに比べ縮小し、その重量は34kgから25kgに低減。ドア開口面積も小型化。これによりドアの重

量（含ガラス）は34kgから28kgへと6kgも軽くなっている。

スペースモノコックと呼ぶスチール製のボディは通常のモノコックボディとマルチメンバースペースフレームの長所を組み合わせたもので従来モデルと比べて曲げ／振り剛性を大幅にアップしつつ、FC並みのホワイトボディの重量を実現した。

リトラクタブルヘッドランプは構造を大幅にシンプル化するとともにリンク系リッド、ランプすべてを樹脂化し、これにより左右で4kgの重量軽減に成功。ボンネットはFDでは全モデルをアルミニウム化し、これによりFC用スチール比10kg低減している。

パワープラントの軽量化にも大きな注力をした。イグニッションコイルはエンジンマウント方式とし、クランクアングルセンサーも小型化、これにより2.3kg、ラジエター、インタークーラーの効率的配置

とそれによる小型化で、それぞれ1.2kg、0.4kgの重量を低減。ウォーターポンプの軽量化で0.5kg、フライホイール＆クラッチの重量は、従来車に比べ1.9kg低減している。

排気系も重量の徹底低減を目標にシングル化し、高出力に対応し排圧は十分に低下させつつ8kgの軽量化を実現した。

このような徹底した重量低減によりFDのパワープラント全体（エンジン、補器類、パワープラントフレーム、ファイナルドライブ排気系すべてを含む）の重量は約320kgと、シーケンシャル・ツインターボやP.P.F.が追加されたにもかかわらずFC並みに抑えることに成功し、パワープラントの馬力当り荷重で見るとFCに比べ約20%もの向上を図ることができた。

FDの軽量化は当然シャシー領域にも及んでいる。サスペンションアームやリンク類のオールアルミ化によりFC比10kgを軽量化、高圧鋳造によるロードホイールは16インチ・8JJホイールでは当時世界最軽量の7kgを実現、ABSユニットの小型化により3.3kgも軽量化を実現し、FDから全モデルにスペアタイヤホイール、ジャッキのアルミ化を実施した。

バケットシートはSバネを廃し、独自のクッション材と樹脂製シートパンを採用することで、ヒップポイントの低位置化と大幅な軽量化を実現した。

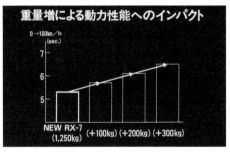
重量増と動力性能の相関図

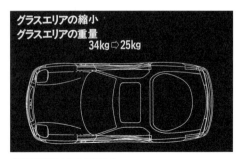
ガラス面積縮小による軽量化

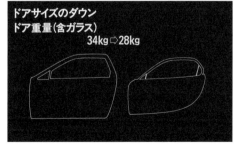
ドアサイズダウンによる軽量化

軽量化されたリトラクタブルヘッドランプ

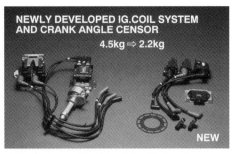

NEWLY DEVELOPED IG.COIL SYSTEM AND CRANK ANGLE CENSOR

4.5kg ⇒ 2.2kg

NEW

イグニッションコイルとクランクアングルセンサー

冷却系のコンパクト化（単位:mm）

	現行RX-7	NEW RX-7	
ラジエーター	570×415	625×315	−17%
インタークーラー	292×165	294×114	−30%

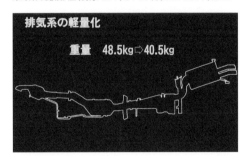

冷却系の比較。左（現行RX-7）がFC、右（NEW RX-7）がFD

冷却効率の向上によるラジエーターの軽量化
ラジエーター重量

4.3kg ⇨ 3.1kg

NEW

ラジエターサイズの比較。左がFC、右がFD

排気系の軽量化

重量 48.5kg ⇨ 40.5kg

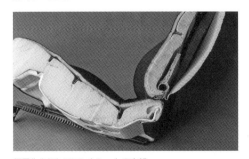

排気系の軽量化

16インチ世界最軽量ホイールの実現

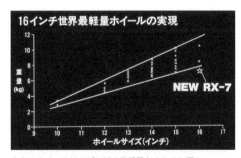

NEW RX-7

各車のホイールサイズに対する重量をまとめた図

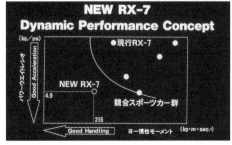

NEW RX-7
Dynamic Performance Concept

軽量化されたフロントシートの内部

パワーウエイトレシオとヨー慣性モーメントをライバル車と比較した図。現行RX-7がFC、NEW RX-7がFD

常識を捨てあらゆる可能性に挑戦したこの一連の軽量化活動の結果、このクラスのスポーツカーとしては当時世界で最軽量の1,250kg（Type S 5MT）と4.9kg/psの馬力当り荷重を実現することができた。

　もしこの活動を実施していなかったら、どのような重量になっていたかを試算した結果は110kg重い1,360kgだった。

　また、軽量化に関する一連の活動は、今日の地球環境問題に対する積極的な対応の一環であるとともに、21世紀に向けてのマツダのクルマ造りに対するノウハウの蓄積の面でも資するところの大きいものであったといえよう。

安全対策

　クルマの動力性能が向上すればするほど安全対策に力を入れなければならない。トップクラスの動力性能を得たFDとて例外ではない。

　安全対策には、積極的に事故を回避するアクティブセーフティーと事故の被害を最小限にとどめようとするパッシブセーフティーの両方をバランスよく満たさなければならない。

　FDのシャシーは、いかなる場合でもクルマを安定した状態におくことに注力して開発されている。このことはドライバーのコントロール領域を広げることを意味し、潜在的ながらアクティブセーフティー対策に大きく貢献している。

　加えて、4輪ベンチレーティッドディスクブレーキやABSを標準装着として強力な制動力を得るなど、事故に至る直前までクルマをコントロールできる性能を備えている。

　パッシブセーフティー対策としては、高剛性フレームで構成したクラッシャブルゾーン、ボディサイドからの衝撃に対するドア内部に設けられたサイド

サイドインパクトバー

Type Xに標準装備されるSRSエアバッグ

インパクトバーなどにより事故の衝撃を効果的に吸収する。また、シートや内装材に難燃材を多く使用したり、運転席にSRSエアバッグシステム（Type Xに標準）を装備するなどして事故後の二次災害の防止や被害軽減に注力している。

　このほかも、後続車からの視認性を高めるハイマウントストップランプや、時速4km/h以下でのショックを確実に吸収し、自然に復元する衝撃吸収タイプ前後バンパーなどが採用されている。

資源・環境保護対策

　最近のクルマ造りでは〝自然に優しく〟という言葉を忘れることはできない。同時に限りある資源を

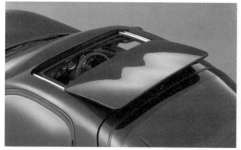

Type Xに標準装備されるサンルーフとフルオートエアコン

有効活用することも新車開発で重要な項目である。

　FDでは資源保護対策として、ボディの随所にリサイクルが可能な熱可塑性樹脂材を使用している。また、徹底した軽量化対策によって生まれた軽量ボディと、優れた空力特性によって低燃費化もサポートしている。

　環境保護対策としては、クリーンな排気を実現するとともに、エンジンガスケットをノンアスベストタイプとしている。

モデルタイプ

　FDにはベーシックなType Sと走りに徹したType R、高い快適性を求めたType Xの3つのグレードを設定し、そして全車にオートエアコン、ABS、AM/FMカセットなどを標準装備している。

　Type Rはパフォーマンスバージョンとしてサスペンションのショックアブソーバーやブッシュが強化され、リアのストラットバーに加えフロントにもタワーバーが装着されている。エンジンオイルクーラーもツイン装備となり、フロントスポイラー、ボディと同色のベンチュリータイプのリアスポイラーといった「フルエアロダイナミックセット」が装着されている。トランスミッションはマニュアルのみの

設定で、超高性能ZRタイヤが組み合わされる。

　最上級モデルのType Xには本革シート、サンルーフ、フルオートエアコン、運転席SRSエアバッグ、ハイレフコート塗装などの装備に加え、マツダがBOSE社と共同開発したアコースティックウェーブミュージックシステムを標準装備している。また、フロントとリアのスポイラーをオプション設定した。

グレード	価格（消費税別）
タイプS（5MT）	360.0万円
タイプS（4AT）	370.0万円
タイプR（5MT）	385.0万円
タイプXスポイラー無し（5MT）	434.0万円
タイプXスポイラー無し（4AT）	444.0万円
タイプXスポイラー付き（5MT）	440.0万円
タイプXスポイラー付き（4AT）	450.0万円

（1991年12月時点）

参考資料
「アンフィニRX-7」広報資料　1991年10月　マツダ株式会社
「マツダ技報　第10号」1992年3月31日　マツダ株式会社

主要諸元表

	単位	Type X マニュアル・5段	Type X EC-AT/S・4段	Type R マニュアル・5段	Type S マニュアル・5段	Type S EC-AT/S・4段
ボディタイプ		2ドアクーペ				
車名・型式		マツダ E-FD3S				
エンジン		13B-REW				
機種名		Type X		Type R	Type S	
変速機形式		マニュアル・5段	EC-AT/S・4段	マニュアル・5段	マニュアル・5段	EC-AT/S・4段
機種コード		JAD	JBD	JAE	JAA	JBA
■寸法・重量						
全長	mm			4,295		
全幅	mm			1,760		
全高	mm			1,230		
室内長	mm			1,415		
室内幅	mm			1,425		
室内高	mm		1,020		1,025	
ホイールベース	mm			2,425		
トレッド・前	mm			1,460		
トレッド・後	mm			1,460		
最低地上高	mm			135		
車両重量	kg	1,290	1,320	1,260	1,250	1,280
乗車定員	名			4		
■性能						
最小回転半径	m			5.1		
■燃料消費率						
10モード燃費（運輸省審査値）	km/ℓ	7.3	7.0	7.3	7.7	7.0
60km/h定地燃費（運輸省届出値）	km/ℓ	14.8	14.4	14.6	14.8	14.4
■エンジン						
形式・種類		水冷直列2ローター				
総排気量	cc	654×2				
圧縮比		9.0				
最高出力（ネット）	ps/rpm	255/6,500（ネット）				
最大トルク	kg·m/rpm	30.0/5,000（ネット）				
燃料供給装置		EGI				
燃料及びタンク容量	ℓ	無鉛プレミアムガソリン・76				

	Type X		Type R	Type S	
ボディタイプ	2ドアクーペ				
車名・型式	マツダ E-FD3S				
エンジン	13B-REW				
機種名	Type X		Type R	Type S	
変速機形式	マニュアル・5段	ECAT/S・4段	マニュアル・5段	マニュアル・5段	ECAT/S・4段
機種コード	JAD	JBD	JAE	JAA	JBA
■駆動装置					
クラッチ形式	乾燥単板ダイヤフラム式	3要素1段2相形（ロックアップ機構付）	乾燥単板ダイヤフラム式	乾燥単板ダイヤフラム式	3要素1段2相形（ロックアップ機構付）
変速比 第1速	3.483	3.027	3.483	3.483	3.027
第2速	2.015	1.619	2.015	2.015	1.619
第3速	1.391	1.000	1.391	1.391	1.000
第4速	1.000	0.694	1.000	1.000	0.694
第5速	0.806	–	0.806	0.806	–
後退	3.288	2.272	3.288	3.288	2.272
減速比	3.909	3.909	4.100	3.909	3.909
■操向装置					
ギヤ形式	ラック&ピニオン式				
動力伝達装置	インテグラル式パワーステアリング				
■懸架装置					
サスペンション形式・前後	ダブルウィッシュボーン式				
ショック・アブソーバー形式・前後	筒形複動式				
スタビライザー形式・前後	トーション・バー式				
■制動装置					
主ブレーキ形式・前後	油圧式・ベンチレーテッドディスク				
制動倍力装置	8インチ+8インチ径タンデム真空倍力装置				
■タイヤ&ホイール					
タイヤ・前後	225/50R16 92V		225/50R16 / 225/50ZR16	225/50R16 92V	
ホイール・前後	16×8JJアルミホイール				

■EGIは、電子制御燃料噴射装置。■道路運送車両法による新型届出車出荷時基準値。■燃料消費率は定められた条件のもとでの数値です。実際の走行時等は走行時の、気象・道路・車両・運転・整備などの条件により異なってきます。■エンジンの出力表示は、ネット上前とグロス値があります。「ネット」とはエンジンを車両に搭載した状態とほぼ同条件で測定したもので、「グロス」とはエンジン単体で測定した値です。同じエンジンで測定した場合、「ネット」は「グロス」よりもガソリン乗用車で約15％程度低い値（自工会調べ）となっています。■付属品は、スペアタイヤ、標準工具一式。■撮影、印刷条件によりボディカラーおよび内装色が実車と違って見えることがあります。詳しくはセールスマンのカラーサンプルをご覧ください。

装備一覧表

機種名	Type X	Type R	Type S
■シャシー＆メカニズム			
225/50ZR16（左右非対称パターン）(EXPEDIA S07)		●	
225/50R16 92V	●		●
8JJ×16インチアルミプレッシャーキャスティングアルミホイール	●	●	●
スペアタイヤT135/70D16 & 16×4Tアルミホイール	●	●	●
アルミ製ジャッキ	●	●	●
4輪ベンチレーティッドディスクブレーキ	●	●	●
フロント＆リアスタビライザー	●	●	●
オイルクーラー	シングル	ワイド	シングル
ガス封入式シングルモードダンパー	NORMAL	HARD	NORMAL
軽量4ピストンアルミキャリパー（フロント）	●	●	●
"トルセン"LSD		●	●
フロントストラットバー	●	●	●
リアストラットバー		●	
IPF（パワー・ブランド・フレーム）	●	●	●
■安全装備			
SRSエアバッグシステム	●	●	●
4W ABS（4センサー・3チャンネル式）	●	●	●
ハイマウントストップランプ	●	●	●
リア3点式シートベルト×2	●	●	●
ボアセルリターンスプリング	●	●	●
シートベルトワーニング機構	●	●	●
サイドインパクトバー	●	●	●
インテリア難燃材	●	●	●
燃料給油口飛び出し防止装置	●	●	●
ロールオーバーバルブ	●	●	●
■エクステリア			
フレスベント3次曲面フロントウインドー	●	●	●
フロントスポイラー（ブレーキエアダクト付）	▲	●	●
フロントエアダムスカート	●	●	●
エアロアンダーカバー	●	●	●
電動リモコンカラードミラー	▲	●	●
ヘンチュリータイプリアスポイラー	●	●	●
スモークリアコンビ＆ウェッシャー（運転席）	●	●	●
間欠式リアワイパー＆ウォッシャー	●	●	●
タイマー付リアデフォッガー	●	●	●
アルミポンネットフード	●	●	●
軽量リトラクタブルハロゲンヘッドランプ	●	●	●
サイドシルピッチ塗装	●	●	●
電動アウタースライドサンルーフ	●	●	●
ハイビルフロントルーフ	●	●	●
プロジェクターハロゲンフォグランプ（イエローバルブ）		●	●
オイルクーラーエアアウトレット			●

機種名	Type X	Type R	Type S
■インテリア			
ワンタッチ機構付パワーウインドー（キーOFF後作動可能）	●	●	●
パワードアロック	●	●	●
マップランプ付ルームランプ	●	●	●
アルミ製クラッチペダル	●	●	●
アルミ製ブレーキペダル	●	●	●
バニティーミラー（助手席）	●	●	●
本革巻3本スポークステアリングホイール	●	●	●
本革巻シフトノブ＆本革巻サイドブレーキノブ	●	●	●
ニーパッド（コンソール側）	●	●	●
リアパッケージトレイ	●	●	●
軽量フロアカーペット（ルーブパイル）	●	●	●
サーゴルカーマット（不織布）	●	●	●
ラゲッジルームランプ	●	●	●
サイドパック	●		●
■インストルメントパネル			
エンジン回転数感応型パワーステアリング	●	●	●
オートスピードコントロール	●	●	●
パネルライトコントロール	●	●	●
ドアキー照明	●	●	●
イグニッションキー照明（テンプオート）	●	●	●
〃 （フルオート）			
オートエアコンディショナー（テンプオート）	●	●	●
〃 （フルオート）			
水温計	ATのみ		ATのみ
シフトインジケーター	●	●	●
シャワーダクト	●	●	●
サイドデミスター	●	●	●
ロジカルコントロール空調モードスイッチ（ダイヤル式）	●	●	●
サンラススボックス	●	●	●
■シート			
軽量本格バケットシート	●	●	●
ベルトインジケーター	●	●	●
テンションレス3点式シートベルト（前席）	●	●	●
シート生地・本革			●
〃 ・ラックススエード	●		●
〃 ・フルファブリック	●	●	●
■オーディオシステム			
FM・AM電子チューナー＋電子制御フルロジックカセットデッキ＋5スピーカー×25W	●	●	●
グラフィックラウドネスミュージックシステム			
ダイバーシティアンテナシステム	●		●
パワーアンテナ	●		●

＊「トルセン」はZEXEL GLEASON USA, INC. の登録商標です。

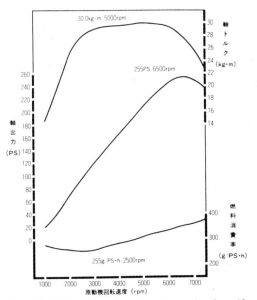

■ 13B-REW 型シーケンシャル・ツインターボ
エンジン性能曲線図

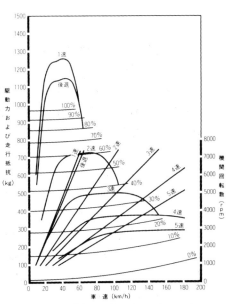

■ 13B-REW 型シーケンシャル・ツイン
ターボエンジン走行性能曲線図（Type R）

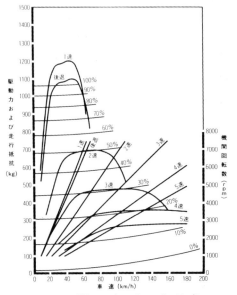

■ 13B-REW 型シーケンシャル・ツイン
ターボエンジン走行性能曲線図（5段MT）

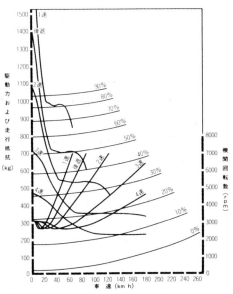

■ 13B-REW 型シーケンシャル・ツイン
ターボエンジン走行性能曲線図（4段AT）

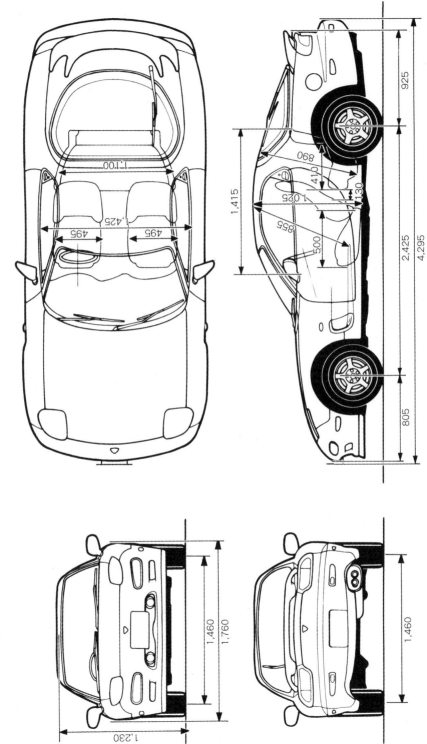

外観四面図 (単位＝mm)

1,100

1,425

495 495

925

890

410

1,130

1,415

1,025

855

500

2,425

4,295

805

1,460

1,760

1,230

1,460

安全は私達の願い。安全速度で安心運転、シートベルトも忘れずに。

ɛ̃fini RX-7発売当初の広告。中央をくぼませた特徴的な「エアロウェーブルーフ」（広告では「エアロウエイブルーフ」と表記）を中心に、各部のデザインには明確な意味があると説明している。日本自動車研究者＆ジャーナリスト会議（RJC）が主催した、第1回目

なぜ、そのルーフは波打っているのか。

εfini RX-7のことを話そう。

今回は、アンフィニRX-7のデザインについて話そう。いかに美しいかではなく、一つ一つの造形がいかに高機能を支援しているか、についてである。アンフィニRX-7の特徴的な造形の一つに、ルーフ中央をゆるやかにくぼませたエアロウエイブルーフがある。刻々と変化する光に絶妙のリフレクションを見せるこのルーフ形状は、単なるデザイン上のアクセントではない。高速走行時のルーフからリアへの空気流を整えて空力特性を高め、かつ低車高にしてゆとりのコクピット・ヘッドルームを確保する必然の造形である。また、フロントフェンダーのホイールアーチ後方には、エアアウトレットが見える。まさにスポーツカーならではのデザインというべきだが、これにも実は理由がある。すなわち、アンフィニRX-7は、オイルクーラーを冷却した後の熱風がブレーキに当たらないよう、独特のエアバイパスシステム（迂回経路）を持つ。これは、その排出口なのだ。そして、獣の四肢を包む筋肉のような盛り上がりを見せるフロントフェンダー。フロントノーズ両サイドの明瞭な盛り上がりが、コクピットからタイヤ位置を直感的に把握するのに、きわめて有用なガイドとなる。ほんの一部ではあるが、これらの例からもわかるように、アンフィニRX-7が放つ特有の美しさは、それらしさを演出するためではなく、スポーツカーとしての高機能を支援する造形を独自の感性で表現することから生まれた、必然の美なのである。自らそのフォルムを味わい、さまざまなドライビングシーンを体験するにつれ、私たちがなぜ「エアロウエイブルーフ」をはじめとするユニークで斬新な造形を求めたかを、実感していただけることだろう。THE SPORTS CAR——アンフィニRX-7。私たちはいま、その速さと愉しさを味わう技量と理性を備え、スポーツカーにおける純粋さや夢をともに語り合える、大人のドライバーとの出会いを願ってやまない。

εfini RX-7

となる「'91～'92 RJCニューカー・オブ・ザ・イヤー」受賞後のため、その事と、走行性能を重視したType Rの価格（消費税別で385.0万円）が掲載されている

第2章

RX-7（FD）開発の足跡と背景
志ざしありて凛々しく　艶ありて昂むる

小早川隆治

1963年東洋工業（現：マツダ）に入社。立ち上り早々のRE研究部に配属され、初期のRE開発に携わる。RE車の米国進出に伴い1972〜1976年米国に駐在、帰任後は海外広報に8年半従事、ポール・フレール氏をはじめ、欧米の多くのジャーナリスト、メディアと交流した。1984年開発部門に復帰、1986年RX-7（FC）導入直後にRX-7担当主査となり、∞モデルの導入、マイナーチェンジ等を進めるとともに、白紙の状態からRX-7（FD）の開発に注力した。1989年からモータースポーツ主査も兼任、マツダ787Bで1991年のル・マン優勝を達成、その後広報本部長、デザイン本部長、北米マツダ副社長等を経て、2001年退職後にモータージャーナリストの世界に入り、本の出版や月刊WEBコラムなどに携わる。

このたび三樹書房が新規企画として、ひとつのクルマのプロファイルを一冊の本に凝縮した、読みやすい「ファンブック」を発刊されることになり、その対象の1台にマツダの3代目RX-7（FD）を選択いただいたことを非常にうれしく思う。以下は、マツダにおけるロータリーエンジン（以下RE）開発の経緯、RE搭載スポーツカーの変遷、FD開発における注力ポイント、関連情報などだ。

RE開発に着手

東洋工業（現：マツダ）がREの開発に着手したのは、通産省（現：経済産業省）が考えていた日本の自動車産業の集約に対して、「独立を守るためには独自技術の育成こそがカギになる」と考えた当時の松田恒次社長の決断だった。フェリックス・バンケル博士が発明、西ドイツ（当時）で産声を上げたばかりのREのニュースに大きなインスピレーションを受

マツダにおけるロータリーエンジン（RE）の開発は1961年から始まるが、1963年4月にRE研究部が立ち上がり、開発が加速した。写真はテスト後分解したエンジンを前に話し合う当時のRE研究部首脳陣。右から二人目の眼鏡をかけた方が山本健一部長

チャターマークと呼ぶローターハウジングにできる波状摩耗に苦労したが、アルミ含侵のカーボンシールで対応することができた

MAZDA ROTARY PISTON ENGINE * 2ROTOR 110PS

コスモスポーツには当初から2ローターRE搭載が決定、1963年以降広範囲なテストを経て1965年3月に10Aエンジンが誕生した

けた松田社長が1960年10月自ら西ドイツに飛び、NSU-WankelとREライセンスの仮契約を結び、1961年2月に契約書に調印した。同時に山本健一氏を開発責任者に指名して開発がスタート、1963年4月にはRE研究部が設立された。

　発足時のメンバーは、後にロータリー四十七士といわれたグループである。

　マツダが試作したシングルREで開発に着手、時をおかず2ローターの開発も行なわれたが、「チャターマーク」と呼ぶ、ローターハウジングの表面がアペックスシールにより波状摩耗する問題の解決は最大の開発テーマの一つとなった。アペックスシールには「牛の骨から貴金属まで」といわれたほど多岐にわたる材料を模索、固有振動数をかえたクロスホローシールで大幅に改善されたが、そこにとどまらず、カーボンパウダーにアルミを特殊な方法で浸み込ませたカーボンシールで生産に移行することができた。そのほか燃焼室内に漏れたオイルが燃えて排気管から"もうもう"と煙を出す「かちかち山」と言われた問題を解決するためにマツダ独自のオイルシールを開発、シングルローターと不正燃焼に起因した「電

気アンマ」とよばれた振動問題にはツインローター化とサイドポート形式による軽負荷時の不正燃焼の削減により解決するなど、生産開始にいたるまで実に多くの開発課題と戦った。

コスモスポーツ

　松田社長は初代RE搭載車としてコスモスポーツというスポーツカーを選択、1963年の全日本自動車ショーには試作エンジン（400ccの1ローターと、2ローター）を展示するとともに、社長自ら会場に試作車でこられ、ショー終了後、山本RE研究部長（当時）を伴い東京から広島まで試作のコスモスポーツで行脚、多くの関係者にRE開発への支援を要請された。さらに松田社長は1964年6月、エンジン部品メーカーの経営幹部を宮島口にあったマツダの迎賓館に招待、「REの開発に協力をお願いしたい」と切々と訴え、感銘をうけた部品メーカーの幹部は、出来る限りの協力を約束したという。生産開始にいたるまでの各種の難題は、サプライヤーも含む多くの技術者達が「飽くなき挑戦」を重ねたことにより解決することができたが、松田社長の情熱、財界、部品

1964年、東京モーターショーで発表されたコスモスポーツの試作車。モーターショーを通じて、非常に大きなインパクトを与えた

メーカー、山本氏に対する信頼、そして山本氏のリーダーシップがなかったら、REの開発成功はなかったといっても過言ではないだろう。

1964年の東京モーターショーにコスモスポーツの試作車を展示、1965年1月からは手作りした60台のコスモスポーツを全国のマツダ販売店に委託して、60万キロに及ぶ公道テストを実施した。

初代コスモスポーツ（L10A）は1967年5月に発売され、1968年7月にはホイールベースを150mm伸ばし、出力が110psから128psにアップされたL10Bが導入された。累計生産台数は1,176台と少ないが、市場導入後、半世紀以上が経過した今日でも300台前後のコスモスポーツがオーナーズクラブの方々を中心に良好な状態で維持されていることは素晴らしいことだ。

REはその後各種の乗用車にも搭載されたが、初めてのRE搭載車にコスモスポーツではなく、GM、日産、シトロエンなどのように大衆車を選択していたら、その後の幾多の困難の乗り越えは、至難の業となり、RX-7やRX-8などのモデルは誕生しなかったかもしれない。

排気ガス対応と燃費問題

ようやく生産が開始されたRE車に襲いかかってきた次なる技術的難題は、ロサンゼルスの光化学スモッグに端を発した排気ガス問題だった。REの将来性に否定的な学識経験者の見解を懸命な技術開発努力で覆し、サーマルリアクター方式の排気ガス浄化装置の開発に成功、1970年に松田社長の願いでもあったアメリカ進出を果たした最初のRE車がファミリアロータリークーペ（R100）で、その後カペラロータリー（RX-2）、サバンナロータリー（RX-3）、ルーチェロータリー（RX-4）、ロータリーピックアップなどが次々と戦列に加わり、1970年に2000台強だった米国市場での販売台数は、1973年には12万台弱まで急拡大した。また大半のメーカーが対応不可能と主張したマスキー法という厳しい排気ガス規制に可能性を標榜したのが、マツダのREとホンダのCVCCで、一転「クリーンエンジン」の称号すら与えられた。

破竹の勢いで販売台数を伸ばしたアメリカで、再びREの前に立ちはだかったのが、1973年秋の第1次エネルギー危機に端を発した燃費問題だった。スモッグの要因であることが判明した、低速のロサンゼルス市内走行を摸した排気ガス測定モードで計測した燃費値を環境庁（EPA）が突然発表、「REはガソ

1971年秋に導入したサバンナはスカイラインGT-Rの50連勝を阻み、その後導入されたサバンナGTが国内レースを席巻

リンをがぶ飲みするエンジン」というレッテルが貼られた。ユーザーの燃費値（16〜18mpg）とEPAの公表値（10〜11mpg）の大きなギャップに、RE車の対米輸出が始まって間もない1972年初頭から4年間ロサンゼルスに駐在し、技術課題への対応、排気ガス規制動向の把握などに注力していた私も大変驚き、当時アメリカマツダの米国人のトップだったディック・ブラウン氏の自宅まで出向き、「何とかEPAとうまく話が出来ませんか？」と話したが、彼は「正しくないことをいう公の機関に対しては真正面から抗議するのがアメリカの文化だ」と言いEPAに真っ向から反論した。

　日本から出てきて間もない弱小ブランドだったマツダの反論に対抗してEPAは、繰り返しREの燃費情報をメディアに流し、REのネガティブイメージが全米に浸透しただけではなく、オイルショックにより3倍近く高騰したガソリン価格や、スタンドに列をなして給油を待つことなどの影響も受けて、マツダ車のアメリカにおける販売台数は1974年、1975年にはそれぞれ約7万台、1976年には約4万台にまで激減、マツダは創業以来の経営危機に直面した。

初代RX-7

　そのような環境下ではあったが、1975年初頭にアメリカに出張したマツダのスポーツカーマーケット調査チームが帰国後に行なった報告は、「女性ユーザーも多いアメリカのスポーツカーマーケットの将来は非常に明るい」というもので、さらに経営危機に際して、住友銀行からマツダに派遣された花岡信平常務もほぼ同時期に北米市場の状況を把握すべくアメリカに行き、自らの体験、調査結果をベースに「REを活用した$5000以下に抑えた価格のスポーツカーを2年以内に出すこと」を提案され、マツダは「RE

の開発継続」、「燃費の大幅改善」、そして「REならではのスポーツカーの開発」への挑戦を決断した。

　山本氏も「よくぞREでやれといってくれた。まるで経営危機の戦犯のような目で見られて来た日々に別れを告げることができる」と感激されたという。幸い70年初頭に検討されていたREスポーツカーの企画案もあったため方向が短期間で定まり、望月澄男主査のもとでX605と呼ばれたプロジェクトが急展開、技術者たちの必死の努力により初代RX-7が誕生した。X605は12Aエンジンをフロントミッドシップに搭載したFR、50：50に近い前後の重量配分を実現したREならではのスポーツカーで、燃費も大幅に改善され、アメリカ市場向けは2シーター、日本市場向けは2＋2で開発された。

アメリカ市場で大歓迎をうける

　初代RX-7が国内市場に導入されたのが1978年3月、アメリカ市場は5月だ。経営危機のどん底となった1976年春にアメリカから日本に帰任した私は、当時の田窪昌司広報部長に広報への異動を強くすすめられ、以来8年半アメリカや欧州を対象とした海外広報に専念したが、初代RX-7のアメリカ市場導入には海外広報担当として思う存分働くことができた。導入の数か月前にはアメリカからジャーナリストグループを広島に招聘して、本社で商品プレゼンテーション、三次試験場で試乗会を開催、初代RX-7はジャーナリストグループから絶賛をあびた。それに引き続いてのアメリカ市場導入時には、当時アメリカマツダが広報業務を委託していたヒルアンドノートン社と密接に手を組んで、アメリカでの現地ジャーナリスト試乗会に望月主査他の関係者にそれらのイベントに参加いただき、初代RX-7のイメージは大きく前進、燃費問題に起因してアメリカ市場か

初代RX-7は、コンセプト、デザイン、走り、価格などにより日米の幅広い顧客層にアピール、RE復活の大きな原動力になった

マイナーチェンジでは、バンパーの一体化などに加えて、国内向けにはターボモデルが、北米向けには13Bエンジンが追加された

らの撤退まで噂されたマツダのREスポーツカーによるリベンジに、アメリカのメディアも市場も、もろ手を挙げて歓迎してくれた。

　初代RX-7はREで失われた地位をREで奪回、8年のライフサイクル中、1981年にマイナーチェンジでバンパーの一体化、1983年9月には（国内向け）ターボモデル、アメリカ向けには13Bエンジン搭載モデルの導入なども行なわれ、累計生産台数は47万台（そのうち38万台がアメリカ向け）を記録した。企画当初に比べて円高になったとはいえ、好ましい為替レートにも起因し、近年では考えられない台当たり限界利益を獲得、経営危機からの脱出の大きな原動力ともなった。

2代目RX-7（FC）は「進歩」をテーマに、エンジンは13Bシリーズ一本とし、リヤには画期的なサスペンションを採用した

2代目RX-7（FC）

　2代目RX-7（FC）にはP747という開発コードが与えられ、1981年春、内山昭朗主査のもとで、「スポーツカーの基本を堅持しつつ、大人の感性にミートするクルマ」をコンセプト、「進歩：Progress」を開発テーマとして開発が始まり、エンジンをより高度に進化した燃料噴射型の13Bシリーズに統合、国内はターボチャージャー付に限定、アメリカ向けにはまず自然吸気モデル、追ってターボチャージャーモデルが追加された。サスペンションは、フロントはストラット、リヤは画期的なトーコントロール・サスペンションとし、空力特性は0.3を下回るCd値を目標として開発された。FCが導入されたのは国内が1985年9月、アメリカが1985年末であった。

RX-7担当主査を拝命

　1984年に広報から開発へ復帰、リハビリも兼ねて商品性実験を担当していた私は1986年初め、当時の山之内道徳商品本部長から、「アメリカに転出することになった2代目RX-7主査内山君のあとを継いでRX-7の主査をやってほしい」といわれ、その場で「やらせてください」といったことが忘れられない。導入直後のFCのアンフィニ（∞）モデルの開発を含む育成、内山さん時代からすでにプログラムに入っていたカブリオレの開発、マイナーチェンジ車への

FCのアンフィニ（∞）モデルは国内市場向けの限定車で、∞Ⅰから∞Ⅳまでほぼ毎年のように導入、スポーツカーとして望ましい最新の技術やパーツを順次投入、RX-7のイメージアップにとどまらず、開発技術者のノウハウの蓄積にも貢献したと確信している

対応、そして白紙の状態からのFDの開発などを行なうことになった。

FCの育成

　初めての主査業務に戸惑う私を、陰になりひなたになりサポートしてくれたのが内山さん時代からの主査の右腕だった梅田定夫さんで、まずは国内営業、開発陣との話し合いに基づき限定車∞モデルを提案してくれた。私の想いとも完全にマッチした∞シリーズは、梅田さんのリーダーシップのもと、∞Ⅰ、Ⅱ、Ⅲ、Ⅳとほぼ毎年のように進化させてゆくことができた。∞Ⅰでは2シーター化、ボンネット、スペアホイールのアルミ化、専用シングルダンパー、エアロパーツの採用などを行ない、その後の∞モデルにはファイナルギヤレシオの変更、ステアリング剛性感向上、ビスカスLSD、トルセンLSDの採用、スペシャルシートの開発、ピレリP0タイヤの採用など継続した育成が行なわれたが、この一連のプロジェクトはFCのイメージ向上、ファン層、販売台数の拡大だけではなく、マツダにおけるスポーツカーノウハウの蓄積にも大きく貢献したと思う。

　内山主査の時からすでに派生車としてラインアッ

FCカブリオレは開発を開始するや、車体クラック問題に直面したが、開発陣の尽力により難題を乗り越え市場導入することができた

プされていたカブリオレは、テストを始めると車体クラックが多発し開発が難航した。クローズドクーペとして設計された車体の屋根を切断したため、車体強度が大幅に下がったのが原因だったが、関係部門の英知と尽力で見通しがつき、アメリカ市場の強い要望もふまえて導入を決断したが、市場導入後は開発時の難題であった車体クラックは、全く発生しなかった。また私の発案で採用を決定、真冬のオープンエアー走行も可能としたエアロボードや、オーディオ担当者が提案してくれたヘッドレストスピーカーも日米市場で好評裏に受け入れてもらえた。

　FCは、より本格的なスポーツカーを求める日米市場のニーズとも良くマッチして、約27万台の生産を記録した。

3代目RX-7（FD）の開発に着手

　3代目RX-7（FD）の開発に着手しようとする我々の前には様々な環境変化が待ち受けていた。バブル経済の真っただ中、マツダが製造するクルマを、マツダ、フォード、ユーノス、オートザム、アンフィニの国内5チャンネルで販売する構想が動き出し、FDはアンフィニチャンネルのイメージリーダーカーとなることが求められた。一方のアメリカは初代RX-7ライフサイクル中230円／ドル前後だった為替レートが、FDの構想に着手するころには150〜160円、さらにその後は130円程度までに高騰、加えてブラックマンデーと呼ばれる株価暴落、スポーツカー保険の高騰、SUV市場の拡大などにより高性能スポーツカー市場の衰退がはじまり、3代目の役割は初代、2代目とは大きく変わってきた。FDの開発に着手したのは1986年11月、もう一度スポーツカーの存在意義を白紙の状態から検証、関係者全員のベクトルを合わせることからスタートした。

志凛艶昂

　1990年代に予測される輸出環境の悪化、競争の激化、価値観の変化などの環境下において、FDが備えなければならない条件は、

（1）原点に立ち返ったREの良さの追求

（2）オリジナリティあふれるREならではのデザインの実現

（3）感性に訴える走り

　の実現だと考え、コンセプト探査（コンセプトを探求するための活動）、コンセプトトリップ（商品コンセプトを検証するための各種トリップ）、オピニオンリーダーとの意見交換、各種自動車博物館の訪問、新しい生活文化関連の探査などを次々に実施、FDチームが到達したのは「志、凛、艶、昂」（し、りん、えん、こう）という4つのキーワードだった。

志：クルマを通して、造り手の志、造り手の想いやメッセージが明確に感じられること

凛：志を達成するため、凛とした割り切りがあること

艶：思わず引き込まれるような艶めきに満ちていること

昂：見る、触れる、乗る、あらゆるステージで、人の心を昂ぶらせる刺激に満ちていること

　そしてプロジェクトメンバー全員にこのキーワードをよりよく理解してもらうために社外の方にお願いして一遍の詩にしていただいた。

"私は　私であって　私以外のなにものでもない。こころざしである。

武骨であることと　たおやかなることの　紙ひとえの差を知っている。りりしさである。

人を感応させ　惑わせ　溺れさせ　嫉妬させるもの。つやめきである。

造り手の汗は　深く心の内に流し　乗り手の熱は限りなく　ほとばしりでて。たかまりである。

志ざしありて凛々しく　艶ありて昂む。

スポーツカーは　そのようにして　母の胎内を出　そして　いうのだ。

遊びをせんとや　生まれけむ。"

ハイスピードドライビングスクール

　1987年初めから始めたFDのコンセプトイメージを創り上げる段階では、国内外で様々なことを行なった。まず初めに1980年代前半に私も開設に協力した「三次ハイスピードドライビングスクール」にキープ

FDの開発にあたっては、メンバー全員で白紙の状態から何を目指すべきかを追及し、まずは、志、凛、艶、昂というキーワードを選択、社外の方にお願いして一遍の詩にしていただくとともに（本文参照）、コンセプトは「REベストピュア・スポーツ」とした

[Back ground-1]

志高く、凛々しく、艶やかで、人を昂らせずにおかないもの。

志

凛

艶

昂

[Epilogue]

次世代RX-7を手掛けようとする私達に必要なのは、ヨーロッパの先輩達の幻影

ではなく、日本の刀匠達の精神かもしれない。

これらの写真は、FD開発にかける想いを集約して作成されたコンセプトカタログの一部で、プロジェクトメンバーはもちろん、関連会社の方々などのベクトル合わせ、更には導入時にむけて「どのような想いで開発してきたか」を伝えるツールとしても活用された

ロジェクトメンバーのほとんど全員を入校させた。三次テストコースをフル活用して三日間の充実したハイスピード運転訓練を行なうこのスクールは、個人の運転技量が向上するだけではなく、運転することの楽しさ、難しさを改めて体験、クルマへの愛着を一段と深め、自分達が開発するクルマの備えるべき要件を体で考えるという大きなメリットがあると考えたからだ。開設以来今日までにすでに2万人を超える開発スタッフを中心とした受講者を受け入れてきたはずで、このドライビングスクールは、近年のマツダのクルマ作りにも無形の貢献をしてきたと確信している。

ドライビングスクールはそこに留めなかった。サンフランシスコ近くにあるラグナセカサーキットのジムラッセルレーシングスクールのフォーミュラマツダを使ったレーシングスクールにも、1988年末10名のプロジェクトメンバーを連れて入校した。私自身はそれ以前にもロサンゼルス近郊のリバーサイドサーキットで、フォーミュラフォードを使ったレーシングスクールに入校した経験があり、開発技術者にとってレーシングスクールの経験がいかに意義深

いかを痛感していたからだ。

フォーミュラマツダは、アメリカのRE再生工場からのエンジン供給に私も尽力した、13B型自然吸気REを搭載した入門篇フォーミュラで、当初はスクールカーだったがその後はスターマツダシリーズとして全米に拡大、SCCA（スポーツカークラブ・オブ・アメリカ）の選手権にも組み込まれ、アメリカで最もポピュラーなエントリーレベルフォーミュラレースの一つにまで成長した。最大の魅力はREの耐久信頼性と性能の均一性、それらに起因したオペレーティングコストの圧倒的な安さにあった。中には2シーズンもエンジンのオーバーホール無しにレースに出場し続ける人たちもいたという。多くのウィークエンドレーサーが自分の購入したマシンのメンテナンスを専門ショップに委託し、レース当日にレーシングスーツとヘルメットだけ持参すれば、最良のコンディションのレースカーでレースに参加する事ができるというシステムも幅広く浸透、その後はCARTやINDYへの登竜門としての役割も果たしてきた。2004年からは、13Bの次期エンジンとしてRX-8に搭載されたRENESIS（レネシス）を搭載、カーボンモ

ノコックボディーをもつフォーミュラとなったが、残念ながらスターマツダシリーズは、その後続いていないという。

レーシングカート

レーシングカートも多くのプロジェクトメンバーに新鮮な驚きを与えたと思っている。私自身自分のカートを所有、ファミリアのルーフラックに搭載して広島近郊のカート場で楽しんでいた。14～15馬力のレーシングカートでも、ちょっとしたサーキットを走ると下手な高性能スポーツカーを上回るラップタイムを記録するが、レーシングカートには、重量、ヨー慣性モーメント、低重心などスポーツカーの備えるべきエッセンスが全て凝縮されているというのが私の持論だった。フォーミュラマツダにしろ、レーシングカートにしろ、できるだけ多くのプロジェクトメンバーに体験して欲しいと考え、プロジェクトで購入して三次試験場で多くのメンバーにも体験してもらった。

また944/944TC/911/928などの各種ポルシェはもちろんのこと、フェラーリ308、シボレーコルベット、ケーターハムスーパー7、ランチアビタルボ、スカ

イラインGT-R、フェアレディZ（300ZX）、スープラ、三菱GTO（3000GT）、さらにはスポーツカーの対極を知るという名目でロールスロイスまでプロジェクトで購入、日米欧の代表的なスポーツカーにも色々な機会を捕らえて試乗した。

ゼロ戦の残骸との出会い

ゼロ戦の残骸との出会いも衝撃的だった。FDの開発にあたり軽量化が重要な要素になることは自明だったので、多くのプロジェクトメンバーがゼロ戦に関心を持ったのは自然の成り行きだった。ワシントンのスミソニアン博物館に展示されていたゼロ戦や、

私自身レーシングカートを所有して楽しんでいたが、タイトなサーキットでは、高性能スポーツカーをも凌駕する走りを見せてくれた

レーシングカートは、重心、ヨー慣性モーメント、重量など、FDの開発の上で貴重なヒントを与えてくれると思い、プロジェクトでも購入し多くのプロジェクトメンバーに、カート場や三次試験場などでレーシングカートの走りを幅広く体験してもらうことができた

ロス郊外のチノという小さな飛行場にあった当時世界でただ一機の飛べるゼロ戦も見に行ったが、外側からみたゼロ戦はそれほどのインパクトを与えてくれなかった。そんな折も折、河口湖自動車博物館がゼロ戦のレストアのためにヤップ島周辺からもちかえった、ゼロ戦の残骸に出会う機会に恵まれた。10人近いプロジェクトメンバーとともに対面したゼロ戦の残骸から、当時の技術者たちの情熱と英知を痛いほど感じ取ることが出来、その場を動けないほど感動した。その時のメモを振り返ると、「胴体をはじめ、機体各部の内部構造を手で触れながら見ることの出来た感銘は言葉には表せないものであった。欧米技術のコピーが中心であったそれまでの日本の航空機技術から一転して世界の航空史を飾る名機となったものだけに、全体の構造から細部の設計に至るまで、設計に携わった人たちの魂が半世紀を過ぎた現在でもさん然と輝いていると感じた。」と記している。「ゼロ戦の軽量化精神」をバックボーンとし、FD開発の一連の軽量化活動を後述のように「ZERO作戦」と命名することになった。

開発体制の強化

コンセプトの追求とともに行なったのが開発体制の強化だった。大半のプロジェクトメンバーはFCからの継続で、お互いに勝手の分かったスーパーエンジニアばかりだったが、車両設計を統括する役割をお願いしたのが、後にRX-7の主査を引き継いでいただくだけでなく、ロードスター主査も兼務される事になったマツダにおけるミスタースポーツカーとも呼ぶべき貴島孝雄さんだった。貴島さんはもともとシャシー設計の専門家だが、持ち前の設計センス、経験、情熱を存分に生かしながら車両設計全体を見事に統括、6回にもわたる「ZERO作戦」の陣頭指揮もとってくれた。

デザイン、プラン、企画設計、原価企画、実験研究、パワートレイン、生産技術、さらには国内、海外営業などそれぞれのリーダーが、経験、人柄、情熱で各々の領域を強力にリードしてくれ、梅田さんも引き続き素晴らしい洞察力と調整力を発揮、ピーク時には、200名に及ぶ開発陣の推進役を引き続き務めてくれたのだから、私ほど恵まれた主査はいなかったといっていいだろう。

REベストピュア・スポーツカー

一連のコンセプトスタディーを通して我々が達した結論は「REの特徴を最大限生かした、マツダにしか造れない、20世紀の最後を飾るにふさわしい、世界第一級の運動性能をもつスポーツカーの実現」で、コンセプトを"REベストピュア・スポーツカー"と定めた。そしてコンセプト具現化の要件を以下のように定めた。

（1）REならではのオリジナリティ溢れる魅惑的なスタイリング

（2）REならではのスポーツカーの規範となる運動性能

（3）心昂ぶるマン・マシン・インターフェイス

デザイン開発への注力

私はかねてからスポーツカーにとってデザインは非常に大切な要素だと思ってきたが、FDの開発初期の段階から、日米欧のデザイン拠点のデザイナーたちにはもちろん、企画設計の人達にも魅力的なデザインの実現に尽力をしてもらうよう力説してきた。そしてFDのデザインを、1980年代にマツダが推し進めてきたデザインフィロソフィ「ときめきのデザイン」の集大成と位置付け、

（1）一目でRX-7と分かるデザイン

（2）思わず触れたくなる艶めきの演出

（3）20世紀を締めくくるスポーツカーにふさわしい
　　空力性能の実現

をメインテーマに各拠点でデザイン開発を進めて
もらった。

　アドバンスデザインステージを経て日米欧のデザ
イン拠点による9案の1/5クレーモデルから2案の
1/1クレーモデルへの絞込みを行なったのが1987年
11月、広島案とアメリカデザインセンター案が最終
的に残ったが、その二者択一ではなく、デザイン本
部長だった福田成徳氏の指示により、この2案を合
体することになったのが1988年4月である。オリジ
ナリティあふれるスポーツカースタイル創造のため
に企画設計が思い切ったレイアウト革新も行なって
くれた。FCに対し、全高を40mm下げ、全幅は逆に
70mm広げ、ボンネット高は実に70mmも低くし、フ
ロントオーバーハングを125mm短縮してくれたのだ。

　そのレイアウトの上に佐藤洋一チーフデザイナー
のリードによりアメリカのデザインセンターで、日
米合体チームがすべての面が曲線で構成された3次

FDの外観スタイル開発には、日米欧デザインスタジオの情熱あふれるメンバーの協力が得られ、最終的には日米案の統合に決定した

広島案と米国案の合体作業の結果生まれたクレイモデル。エアロウェーブルーフや、フェンダーのエアーダクトなどはまだ入っていないが、これをベースに最終モデルへ進んでゆく

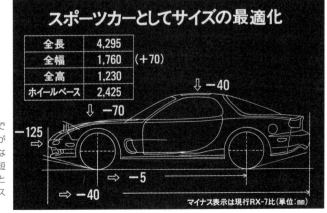

スポーツカーとしてサイズの最適化

全長	4,295	
全幅	1,760	（+70）
全高	1,230	
ホイールベース	2,425	

⇩ −40

⇩ −70

−125

⇨ −5

⇨ −40

マイナス表示は現行RX-7比（単位：mm）

企画設計メンバーによるレイアウト面での挑戦により、FCに比べて、全高が40mm、ボンネット高さが70mm低くなり、フロントオーバーハングも125mm短縮された。これらは、大幅な重量軽減とあわせて、FDのビークルダイナミクス向上の大きな要因となった

インテリアデザインは、操作機器類がドライバーに寄り添い、触感、官能面も含めてドライビングのための貴重な室内空間となった

シートは、Sバネを廃し、独自のクッション材と樹脂製シートパンの採用により、大幅な軽量化とヒップポイントの低位置化が実現

元造形に挑戦、光と影の微妙なコントロールにより艶めき溢れる面構成を実現してくれた。さらに第一級の空力性能実現のために段差のないキャビンデザイン、3次元プレスベンドリヤウインドーを採用、エアロウェーブルーフなどの機能をデザインに結びつけ、空力特性はクラス最良のCd値0.30を実現することができた。

インテリアは「心ときめくマン・マシン コミュニケーション」をテーマに、タイトで快い緊張感のある空間構成とし、ドライバーオリエンテッドな造形をめざした。個人的には若干タイトすぎるのではな

いかと心配したが、佐藤チーフデザイナーのもとで素晴らしい実力を発揮してくれた、カリフォルニアデザインスタジオの "相撲取り小錦の小型版" ともいえた大柄なウー・ハオ・チンさんがぴったりと納まったのでよしとしたのをおぼえている。

FDのデザインは導入後30年たった今日でも風化を感じないが、これも佐藤さん、チンさんなどのデザイングループはもちろん、革新的なレイアウトを実現してくれた企画設計メンバー、設計陣、エンジン開発チーム、生産技術チームの功績と考えている。

スポーツカーの規範となる運動性能の実現

FDが備えるべき運動性能に対して、私は絶対的な動力性能、運動性能の追求は当然だが、運動性能が高いだけではスポーツカーとして十分ではなく、人とクルマが一つになって走るマン・マシン・インターフェイスが運動性能以上に大切と考え、ドライバーの意のままに操ることのできるレスポンス、あらゆる走りにおける高いリニアリティーの実現にメンバー全員に注力してもらった。

エンジンの鋭いピックアップや伸び感、シャープな回頭性、限界領域に至るまでのコントロール性、リニアリティーを徹底的に追求したハンドリング、コントロール性に優れたブレーキ、気持ち良いシフトフィール、ドライバーオリエンテッドな（ドライバーとの関係を重視した）インテリアなどは、いずれもマン・マシン・インターフェイス実現のための非常に大切な要素だ。

理想的な運動性能を実現するためには、最小の重量、理想的な前後重量配分、低い重心高、最小のヨー慣性モーメントなどに加えてボディー、シャシー、パワープラントの剛性も非常に重要で、FDではこれらの実現を最優先に開発を行なった。フロントミッ

PPFによりエンジンを50mm、ヒップポイントを50mm、重心を25mm下げることができ、アクセルレスポンスも大幅に向上した

エンジンを最終的にシーケンシャル・ツインターボ一本に絞ったことにより、低速から高速までのスムーズでパワフルな走りが実現

ドシップ、50：50の重量配分は歴代RX-7と共通だが、さらなる低重心化と走りのリニアリティーを実現するため、パワープラント・フレーム（以下PPFと呼ぶ）を採用、ミッションマウントを廃止することにより、エンジンをFC比50mmも低くマウントすることができた。エンジンを低く配置することにより、ドライバーのヒップポイントをFC比50mm低くでき、低重心化が更に促進された。

　ガソリンタンクはリヤフロア下に配置、スペアタイヤはホイールをアルミ化し、マウント位置をボディー中央に近付けてオーバーハング部の重量を軽減した。これらのレイアウトによりヨー慣性モーメントを最小化し、ラゲッジスペースも確保、実用性と運動性能を両立しつつ、非常に良好なステアリングのリニアリティーを実現することができた。

　さらにフロントサスクロスメンバーとリアサスクロスメンバーはボディーにリジットマウントし、フロント＆リヤストラットバーやトンネルメンバーを設定することにより、高剛性なスペースモノコックボディーを実現した。フロントミッドシップ、PPF、スペースモノコックボディー等を可能にしたパッケージングが高い運動性能実現の基本となったが、こ

の一連のレイアウトを実現してくれたのが貴島さんを中核とする設計部門の精鋭だった。

シーケンシャル・ツインターボ

　初期のエンジン構想には、ベースを自然給気（NA）の13Bとし、上級モデルに自然給気の3ローターを搭載するという案もあったが、前後寸法の異なる2種類のエンジンを持つことによるレイアウト、コスト、重量面での犠牲は明白だった。エンジン開発からシーケンシャル・ツインターボの提案がなされ、途中から13BのNAとターボの2種類を本命に計画を進め、私はエンジン開発に13BのNAで何とか200psを達成できないかと繰り返し問いかけたが、当時の技術では160〜170psが限界だった。

　開発開始タイミングに合わせたかのように「1990年を待たずに￥100／ドルも」という大変厳しい予測も出てきたため、初代はもちろん、2代目に比べても米国市場の比重は低下せざるを得なくなった。また開発投資の削減も重要課題で、その点からもエンジンの一本化が必須となり、1989年1月アメリカマツダとも直接折衝して、シーケンシャル・ツインターボチャージャーシステムをもった13B-REW型2ロ

MTのシフトフィール向上にも大いに注力、エンジンのレスポンスにマッチしたシャープでダイレクトなシフトフィールが実現した

開発段階での多岐にわたるシーンでの走行評価により、我々が目標としてきた「スポーツカーの規範となる運動性能」が実現した

ーター（排気量654cc×2）一本に絞った。

　このシーケンシャル・ツインターボチャージャーは、エンジン回転数と負荷などに応じて、低速では1基、高速では2基のターボをコンピューターコントロールにより切り替えを行ない、過給効果を全域にわたって最適化させるもので、低速域のレスポンス向上と中速から高速にかけて大幅なトルクアップを実現することができた。13B-REW型2ローターREは、圧縮比を9.0：1として最高出力255ps/6,500rpm、最大トルク30kg-m/5,000rpmを発揮、低速から追力あるトルクを発生するとともに、最高許容回転数を8,000rpmに引き上げた。

　FD用5段MTは2、3速にダブルコーンシンクロ、高精度のシフトリンケージ、ショートストロークなどの採用によりシフトフィールを大幅に向上。新開発の大容量クラッチシステムと相まって、シーケンシャル・ツインターボの鋭いレスポンスにマッチしたシャープでダイレクトなシフトフィールを実現することができた。

サスペンションシステム

　「REならではのスポーツカーの規範となる運動性能」にとって重要な要素となるサスペンションシステムは、前後ともダブルウィッシュボーン形式として、サスペンションの基本構造を貴島さんのリーダーシップのもとで徹底的に見直してもらった。すべてのサスペンションアームおよびリンクをアルミ製にするなど、バネ下重量を大幅に低減して優れた路面追従性を発揮、さらに剛性の高いスペースモノコックボディーと相まって機敏かつリニアなハンドリング特性を実現する事ができた。そして4輪トーコントロールをさらに進化させた「4輪ダイナミックジオメトリーコントロール」を採用してくれたが、これは、ボディーが走行中に受けるすべての方向からの入力に対して変化するホイールアライメントを、すべりブッシュ、ピローボールなどを活用して効果的に制御、低速域から限界域に至るまでのステアリング特性を、常にニュートラルとなるようにする画期的なものである。

オーディオシステム

　FDに搭載されたBOSE社と共同開発したオーディオシステムは、"アコースティックウェーブガイドテクノロジー"という非常に革新的なものだ。パイプオルガンのパイプにみられる管共鳴現象を利用したもので、スペースと重量面での制約の大きいスポー

ゼロ戦の残骸との出会いが大きな引き金となり、のべ6回も実施した「ゼロ作戦」は、貴島さんの素晴らしいリーダーシップと設計者たちの尽力により、150kgもの軽量化と5kg以下の馬力当たり荷重を実現、優れたビークルダイナミックスの大きな根源となった

ツカーに非常に適したこのシステムは、オーディオのプロフェッショナルから「実際に試乗しての印象だが、設計者の意図が十分に実ったもので、ジャズパーカッションのリアルさから、ボーカルの柔らかさ、そしてクラシックの繊細さまでがクリアに聞き取ることができ、このクルマの中で初めて我慢することなくクラシックを聴くことができた。」という評価を得ることができた。

ZERO作戦

FDの開発に当たり、重量軽減を最重要課題の一つとして「ZERO作戦」と命名して取り組んだことはすでに述べたが、当初からパワーウエイトレシオを5kg/ps以下とし、デザイン、レイアウト、詳細設計、材料選択などあらゆるステージでグラム単位の軽量化に取り組んでもらった。FDの設計構想段階で発想会を展開したZERO作戦I、メカニカルプロトタイプ設計図出図段階のZERO作戦II、メカニカルプロトタイプ部品を競合車の部品と比較したZERO作戦III、試作車の図面を対象としたもの、実際の試作部品を対象としたもの、さらには試作工場でのサブアセンブリー状態の試作部品を対象としたものなど合計6回も実施、いずれも図面や個別部品を後述するVEセンターの協力を得てボードに貼り付けて、多くの場合ベンチマークとなる部品と比較展示、社内のあらゆる関連部門の技術者に来場を促して、他人の作品を徹底的に評価してもらい、コメントを書き込んでもらうとともに、展示図面や部品を前にして軽量化の発想会を行なった。

貴島さんのリーダーシップのもとで全ての設計者たちが尽力してくれた結果、FDはこのクラスでは世界最軽量の1250kgの車重と、パワーウエイトレシオ4.9kg/psを実現することができた。大幅な重量軽減の事例としては、FCに対してガラス面積の最適化で

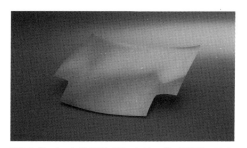

アルミボンネットはすでにFC∞シリーズから採用してきたが、アルミ化は重量軽減に加えてヨー慣性モーメント低減に大きく貢献した

9kg、ドアサイズのダウンにより6kg、リトラクタブルヘッドランプの構造シンプル化とプラスチック化で4kg、排気系のシングル化で9kgなどがあるが、大半はまさにグラム単位の軽量化だった。もしも一連の重量軽減活動をしなかったらFDは150kg重い重量になっていただろうと貴島さんも語られている。こうした軽量化に関する一連の活動は、その後のマツダのクルマ造りに対するノウハウの蓄積の面でも資するところも大きかったと思う。

VEセンター

ここでVEセンターに言及しておきたい。VEとはバリューエンジニアリングの略で、設立は1980年代の半ば、FDのころは奥川博司さんがセンター長だった。VEセンターでは、設立当初から競合車、自銘柄車をボルト一本に至るまで徹底的に分解して比較展示し、構造、重量、コスト面などでの競合車の設計上の英知や、マツダ車の長所、短所を浮き彫りにし、マネージメントや開発者の啓蒙を続けてきた。VEセンターにより分解展示された車両の総数は、数百台に及び、マツダのクルマづくりにとって非常に大切な重量軽減とコストダウンに計り知れない貢献をしてきた部署である。

FDの開発にあたっては、まずFCとポルシェ944のティアーダウン（クルマをボルト一本にいたるまでバラバラにする）を1987年2月に実施してもらい、多くの技術者とともに発想会を開催した。その後の「ZERO作戦」もVEセンターの全面協力無くしてはできなかったが、軽量化にまさるとも劣らないのがコスト面での貢献だった。FDの開発開始タイミングに合わせるかのように円が￥130／ドルレベルに急騰したことは前述したが、開発過程においては円高がさらに進行、1988年初めには1ドル100円時代の到来すら予測され、コストダウンが一段と重要な課題になってきた。一つ一つの部品の設計が最良のものになれば、重量も強度もコストも最良のものとなるという信念のもとに「このクルマが世の中に出た暁（あかつき）にはベストインクラスとしてベンチマークされるものにする」をお互いに肝に銘じた。

FDの育成

このような開発過程を経てマツダ技術者の情熱を

FDの開発達成は、クルマとREをこよなく愛するプロジェクトメンバーによる飽くなき挑戦の結果であり、主査である私の果たした役割は多岐に及び、私の生涯の中で一生忘れることができないものとなった

結集したFDは1991年10月、日本を皮切りに好評裏に市場で受け入れられ、同年設立されたRJCの第一回の'91～'92 RJCニューカー・オブ・ザ・イヤーも獲得、日米のジャーナリストやオピニオンリーダーから高い評価を受けるとともに、クルマを愛する方々からも暖かく迎えられた。しかし米国市場は、一時は90円を切る円高の進行、米国市場におけるスポーツカー保険料のさらなる高騰、SUVへの価値観のシフトなどにより「高性能スポーツカーにとって冬の時代」が到来、ニッサンのZ、トヨタのスープラ同様1995年に輸出を中断せざるを得なくなったことは、何としても残念だった。

国内市場向けは1992年に広報本部に転出した私のあとFDの担当主査を引き継いでくれた貴島さんを中心に、デザインの進化、280psへの出力アップ、シャシー、空力性能の改善など継続した育成が行なわれた。FD最終モデルとなったスピリットRシリーズの試乗の機会を得た時に、その進化（ステアリングのレスポンス、リニアリティー、乗り心地の向上など）に本当に頭が下がったのが今でも忘れられない。累計生産台数は68,589台と、初代、2代目に比べてずっと少ないが、11年の長きライフサイクルをまっとうすることができただけではなく、導入後30年を迎える今日でも多くのファンに愛され続けていることを、このモデルの開発に携わってきたメンバーの一人として本当にうれしく思う。

以下はぜひ皆様にお伝えしておきたいRX-7と関わりのある情報である。

RE車によるモータースポーツへの挑戦

マツダのモータースポーツ活動は、1964年5月の第2回日本グランプリレースにキャロル360とキャロル600が参戦したのが始まりだ。1966年以降ファミリア800、1000クーペでシンガポール、マカオなどのレースに参戦。それなりの実績を残すが、REの耐久信頼性や性能を長距離耐久レースの場で立証したいという山本健一氏の想いに基づき、コスモスポーツによる1968年のマラソン・デ・ラ・ルート84時間レース（ニュルブルクリンク）への参戦が決定した。

この時のエンジン開発には、その後マツダモータースポーツレジェンドとなる松浦国夫さんと共に私も携わったが、私はレースには同行せず、緊急課題だった米国排気ガス規制対応と対米輸出の実現に注力することになった。初めての、しかも84時間というレース（ル・マン、デイトナ、スパ・フランコルシャンなどの24時間レースに比べて世界で最も長時間のレース）に初出場ながら総合4位を獲得できたことは、その後のRE車によるスパ・フランコルシャン、デイトナ、ル・マンなどの耐久レース挑戦への大きなはずみとなったことはいうまでもない。

ファミリアロータリークーペ（R100）導入後は、1969年のシンガポールGPクラス優勝を皮切りに、1969年のスパ・フランコルシャン24時間レースでの総合5位入賞、同年のマラソン・デ・ラ・ルート84時間レースでの総合5位入賞、さらには1970年のスパ・フランコルシャン24時間レースでは21時間まで総合1位を維持したものの最終的には総合5位で終わったレースなどがその代表だ。もしこれらの実績がなかったらその後のル・マン24時間レースへの挑戦などは実現しなかっただろう。

一方国内では1969年に導入された初代スカイラインGT-Rが国内ツーリングカーレースで無敵の進撃を開始。「マツダはスカイラインGT-Rに勝てないから国内レースに出ないのでは」という声も大きくなったためその後のREによるレースは国内にシフト、

当初は苦戦するものの、1971年からレースに参戦したサバンナがスカイラインGT-Rの50勝目を阻止。以後サバンナRX-3を中心に国内でもRE車が大活躍することになる。

　ル・マン24時間レースへのRE初参戦は1970年の10Aエンジンを搭載したシェブロンB16で、その後1973年のシグマMC73（12Aエンジン）、1974年のシグマMC74（同じく12Aエンジン）と続くがいずれもリタイヤ、周回不足などで終わる。マツダスピードとしてのル・マンへの挑戦はIMSA GTO仕様RX-7による1979年からとなるが、完走を果たしたのは1982

ル・マンで優勝したREは、リニア可変吸気システムを採用して700psを発揮、24時間レースを全く問題なく走り切った

1991年ル・マン24時間レース優勝の要因として、マツダスピードやマツダ関係者の飽くなき挑戦、チームメンバーの情熱とネットワーキング、幸運の女神に微笑んでもらえたことなどがあるが、優勝車787Bも非常に優れたレーシングカーに仕上がっていた

山本健一氏はル・マンの優勝を心から喜ばれるとともに、三次試験場内への石碑設置もサポートされた。テストコースの一角に設置された石碑の「飽くなき挑戦」の文字は山本氏が書かれたもので、今後のマツダの挑戦的なクルマづくりも見守り続けてくれるはずだ

1979年IMSAデイトナ24時間レースにおける初代RX-7のクラス優勝は、米国マツダモータースポーツの起爆剤となった

年だ。1985年までは2ローターだったが、その後3ローター、4ローターと進化。1991年に日本車として初めての総合優勝を勝ちとることができた。

　アメリカにおけるマツダのモータースポーツは、1970年代前半はRX-2、RX-3などによるものだったが、RX-7導入後はRX-7が中核となる。1977年、初代RX-7導入の1年ほど前に、私は数名のメンバーと市場調査のため約1ヵ月全米をまわり、当初計画を大幅に上回る販売台数の可能性を見出すとともにIMSAシリーズのレースを観戦、IMSAのオーガナイザーとも面談し、調査チームとしてIMSAシリーズへの参戦を推奨した。

　1979年のデイトナ24時間IMSAレースにおけるGTUクラス1・2フィニッシュが大きな起爆剤となり、RX-7によるIMSAシリーズ参戦が急速に拡大、1985年にそれまでのポルシェの記録を破る67勝、1995年までに通算117勝を獲得した。ちなみに初代RX-7は、欧州でも1981年にスパ・フランコルシャン24時間レースで、トム・ウォーキンショー/ピエール・デュドネ組が総合優勝をかざっている。FDによるモータースポーツへの挑戦は限られるが、1992年～1994年のオーストラリアでのバサースト12時間耐久レー

スにおいて、スカイラインGT-RやホンダNSXを破って3年連続でチャンピオンを獲得した。

　初代RX-7により急速に拡大したアメリカのマツダモータースポーツは、MX-5（日本名：ロードスター）導入後は、グラスルーツモータースポーツが一段と拡大。近年では1万人近い人たちがマツダ車やマツダエンジンで参戦しているという。また全米でSCCAのオートクロス（日本のジムカーナに近いもので、速度はジムカーナよりかなり速い）に参戦する人のうち、マツダ車＆マツダエンジン搭載車が今でも非常に多いはずだ。2020年マツダは創立100周年を迎えたが、この間のモータースポーツへの挑戦も非常に意義が大きかったことは十分理解していただけると思う。

ポール・フレール氏

　前述のように、1976年春にアメリカから帰任した私は当時の田窪昌司広報部長から「地に落ちた海外におけるマツダのイメージを何とかするために海外広報をやってほしい」といわれて広報に異動、最初の仕事が山口京一氏のご紹介によるポール・フレール氏のマツダへの招聘だった。ポール・フレール氏は、ベルギー出身のレーシングドライバーで、F1を含む数々のレースに参戦、1960年のフェラーリでのル・マン優勝を機にジャーナリズムの世界に専念し、長年世界自動車ジャーナリスト連盟の会長も務めた方だ。

　1976年5月、ポール・フレールご夫妻を広島に招聘、欧州市場導入を控えていたFRの323（日本名：ファミリア）の評価をお願いし、三次試験場での試乗評価も含め非常に参考になるご意見をいただいた。現地テストの大切さも強調され、マツダは欧州テストチームの派遣を急加速、ポール・フレール氏

ポール・フレール氏とマツダの親しい関係は1976年以降フレール氏の晩年まで続き、同氏のマツダのクルマづくりへの貢献は計り知れない。この写真はニース近郊のご自宅を訪問した時のもので、フレールご夫妻とは家族ぐるみのお付き合いもさせていただいた

マイナーチェンジ後のFCをイタリアのシシリー島に持ち込み、ポール・フレール氏、山口京一氏、そしてフレール氏の友人で、タルガ・フローリオで何度か優勝、F1でも活躍されたニノ・バカレラ氏にも試乗評価いただき、貴重なコメントを頂戴した。左の写真は1967年にニノ・バカレラ氏が突っ込んだヘアピンコーナーで、「ニノ　気を付けて」と落書きされていた

も現地テストに何回も参加いただいた。三次試験場のグローバルサーキットの一部はポール・フレール氏おすすめの南仏のワンディングロードを再現したものだ。1976年以降毎年のように来日いただき、323、626（日本名：カペラーいずれも当初はFR、その後FFに）などに加えて、歴代のRX-7もいろいろな段階で評価いただくとともに、南フランスのニース近郊にあったご自宅にも何回もお邪魔し、家族ぐるみのお付き合いをさせていただくことができた。

ポール・フレール氏の初代RX-7に関する評価は、カーグラフィック1978年6月号で、「発表より数か月前、三次テストコースで好きなだけテストをすることを許された私が、真っ先に印象付けられたのは静粛性とスムーズさだった。高速ハンドリングコースではわずかだがファイナルオーバーステアの傾向が認められたが、バランスは素晴らしく、応答性もよ

く、直進安定性も抜群だった。もしもマツダの言うような価格で販売し、同時に万全のサービス体制でフォローしたら大成功は間違いない。」とおっしゃっているが、この評価はまさに的中した。

　FCは、貴島さんが「サスペンションの構想が固まり、具体的設計活動に突入する前に、南フランスのポール・フレールさんのご自宅を訪ねた。ポール・フレールさんは（貴島さんが 2 代目RX-7に導入しようと考えていた）後輪のトーコントロールの発想に少しおどろかれていた。」と言われているが、初期プロトタイプの段階は三次で、その 1 年後（1984年）にはニュルブルクリンクサーキットで試作車に試乗していただき、「ニュルブルクリンクにおける P747（FC）のハンドリングは、レーシングカーに匹敵するほどの正確さ、切れ味、反応の良さを示す一方でスポーツカーとしては良好な乗り心地も確保している。」と評価された。量産寸前の段階では、三次と西日本サーキットでも好評価をいただき、マイナーチェンジ後のFCはイタリアのシシリー島に持ち込み、ニノ・バカレラ氏、山口京一氏ともども高い評価を

いただくことが出来た。

　ポール・フレール氏とFDとの関わりは以下のようになる。「一番初めに接したのは芝刈り用のエンジンを搭載したデザインスタディモデルで、場所はデザインセンターの屋上だった。三次試験場で最初に試乗したのはFCのボディーにシーケンシャル・ターボエンジンを搭載した試作車だった。小早川主査からのその次の依頼はピエール・デュドネ氏（ポール・フレール氏同様に、ベルギーのモータージャーナリスト兼レーシングドライバーで、1981年のスパ・フランコルシャン24時間レースで初代RX-7で優勝、マツダのル・マン挑戦では 7 回もハンドルを握ってくれた）も交えてのニュルブルクリンクにおける試作車の評価で、1990年12月に行なわれた。さらに1991年 9 月には、先行量産モデルの評価を前年ジャガーでル・マン優勝を果たしたジョン・ニールセン氏と共に再びニュルブルクリンクで行なうことができた。」と述べられている。

　以下は評価時のコメントの一部だ。「ニュルブルクリンクには、早いコーナー、遅いコーナー、アップ

ドイツのフライー家はマツダ販売店3店を所有されるだけだはなく、マツダ車を中心とした旧車のコレクターでもあり、これはフライー家のコレクションのほんの一部だ。近年アウグスブルグの路面電車車庫を入手しマツダ車ミュージアムに改装一般公開されている

コスモスポーツ国際ミーティングの南ドイツツアーの一環として、かつてバンケル博士がREの研究を行なわれ、山本氏も訪ねられたことのあるリンダウの旧バンケル研究所を訪れることができた。この建物は、その後はアウディの研修所となった

ヒルコーナー、ダウンヒルコーナー、凹凸の多いコーナーなど172ものコーナーがあり、クルマの評価にこれほど適したコースはなく、私は2000ラップ以上しているが、FDのハンドリングはパーフェクトに近いもので、シーケンシャル・ツインターボによるトルク特性も大変望ましく、シフトも非常に正確だ。FDの大きなメリットは、車重が軽いことと前後の重量バランスがよいことで、これらがきびきびした動き、ニュートラルな操縦安定性、高いブレーキ性能に大きく貢献している。」

ポール・フレール氏からは、RX-7はもちろんマツダ車全般に対して非常に貴重なアドバイスをいただいており、近年マツダが標榜してきたZoom-Zoomの原点の一人といっても決して過言ではない。2008年に91歳で他界されたことに対してこの場をお借りして改めて心からご冥福をお祈りしたい。

ドイツのフライー家

1980年代初頭からドイツでマツダ車を販売、今では大きなマツダディーラーを3店舗もっておられるフライー家のことはRX-7ファンの方々にもお伝えしておきたい。日本におけるコスモスポーツオーナーズクラブの会合に参加されたヴァルター・フライ氏が、ヨーロッパでの「コスモスポーツ国際ミーティング」を提案され、2009年8月、日本からの14台のコスモスポーツが南ドイツのアウグスブルグに集結した。私にも声をかけていただき、コスモスポーツオーナーズクラブのグループツアーに加わった。

欧州内から集まった5台と合わせて19台のコスモスポーツを連ねて、かつてバンケル研究所があった

アメリカのREファンの集い「セブンストック」は、REを愛する主催者と参加者のお陰ですでに20年以上続き、近年はロス郊外のフォンタナスピードウェイで行われ、毎回500台以上が全米から集まる。これはアメリカマツダ本社の駐車場で行なわれた時のもの

リンダウ往復や、ノイシュバンシュタイン城往復など、ロマンチック街道を満喫する1週間に及ぶ素晴らしいイベントをフライ氏が一家をあげてサポートしてくれた。幸い1台も不具合を起こさずに全イベントを終了できたことはこの上なくうれしかった。

加えて日本から持ち込まれたコスモスポーツは簡単にライセンスプレートを装着して公道走行ができ、終了時にはそのプレートを記念品として持ち帰っても良い、というドイツの旧車に対する愛情に満ちたルールを本当にうらやましく思った。

ぜひともご紹介しておきたいのはフライ一家のRE車コレクションだ。2009年時点ではREを搭載したマイクロバス（パークウェイ）を除くすべてのRE車を中心とした100台を超えるコレクションを自宅の車庫などに納められていた。（初代RX-7は4台もあった）その後コスモスポーツオーナーズクラブメンバーの尽力によりパークウェイが見つかり、フライさんのコレクションに追加されたため、今ではすべてのRE車がそろったことになる。

フライ一家はその後アウグスブルグ市内にある路面電車の車庫の跡地を入手してコレクションを一般公開できるよう準備を進め、2017年5月に公開された。2015年春二人の息子さん（ヨアヒム＆マーカス・フライ氏）が広島でのマツダの会議に出席された帰路、ぜひとも山本健一氏にお会いしたいとの相談をいただき、お二人をお連れして川崎市にお住まいでまだお元気だった山本健一氏にお会いすることができたが、息子さんはもちろん、山本健一氏にも大変喜んでいただけた。

アメリカの "SevenStock"

洋の東西を問わず、RE車の人気はそれらのモデルを愛してくださるユーザーに支えられているといっても過言ではないが、アメリカのREファンの集いであるSevenStock（セブンストック）は、第3回までは南カリフォルニアのRX-7ファンの集いで参加台数は40〜50台程度だったが、主催してきたバーニー・ヘレラ氏の熱い想いに私も動かされて、第4回から

マツダ車を愛する女性写真家、麻生祥代さんの感性で撮影されたFDの写真をお見せしたく、今回点数は限られるがこのファンブックに付け加えることにした。麻生さんの写真からRX-7（FD）のデザインの魅力が、ビビッドに伝わってくるのは私だけではないだろう

は私の古巣である北米マツダの研究開発部門とサービス部門の駐車場を開放してもらい、毎年500台から600台のRE車と、5000人近い人たちが集まる大イベントになった。

　それでもスペースが足らなくなったため、第9回から第13回までは北米マツダの本社駐車場に変更、私は第4回から第12回までは欠かさず出席した。第14回からは開催場所が走行も可能なフォンタナスピードウェイに変更され、2019年の第22回目には久しぶりに出席することができた。引き続きバーニー・ヘレラ氏が主催、運営はすべてがボランティアの手で行なわれている。参加車は歴代RX-7が圧倒的に多いが、すべてのRE車が対象なので近年はRX-8の台数もかなり多くなってきている。

日本のRX-7ファンの集い

　国内でも各地でRX-7ファンの集いが行なわれており、主催者から依頼を受けたイベントに出席してきたが、関西の「りんくう7DAY」にも主催者中村英孝氏の依頼をうけて何回か参加した。いずれのイベントも、心からRX-7を愛してくださっているオーナーの方々、すばらしく整備された愛車群、主催者やボランティアの情熱などに言葉では表せないほど感動した。今後の日本におけるREファンの集いは、RX-8主査でもあった片渕昇さんが実行委員長となり行なわれる予定で、"SevenStock Japan"と呼べればと願っている。

RE開発への参画を熱望してマツダに入社した私は、立ち上がったばかりのRE研究部に配属されたことに加えて、様々な幸運に恵まれた。山本健一氏と、山本氏を支えたRE研究部メンバーとの出会い、敬愛する上司や情熱あふれるプロジェクトメンバーとのプロジェクト推進、世界各地での幅広い体験、ポール・フレール氏を含む世界のオピニオンリーダーとの交流、そしてRX-7プロジェクトやモータースポーツ活動への参画とル・マンでの優勝など、どれをとっても女神のほほえみがあったとしか思えないものばかりで、非常に幸せな「マツダライフ」を送ることができた

女性写真家がとらえた3代目RX-7デザインの魅力

　近年クルマの楽しさに心を惹かれた女性写真家麻生祥代さんと知り合うことができたが、麻生さんがレンズを通してとらえてくれた歴代RX-7のプロポーションや造形は素晴らしく、中でもFDの光と影の微妙なコントロールによる艶めき溢れる面構成を、見事にとらえてくれた写真を限られた枚数だが、ご紹介したいと考えた。

本稿を締めくくるにあたって

　コスモスポーツ、歴代RX-7、そしてRX-8というREスポーツカーは、色々な視点からみても今日のマツダのクルマづくりにも大きな影響を与えてきたモデルということができるが、コスモスポーツはもちろん、歴代RX-7のいずれもすでに旧車の仲間入りをしており、多くの愛好家が大切に保存してくださ

っている一方で、部品の入手に苦労されるケースも発生している。

　2018年からマツダが開始した初代ロードスターリフレッシュプログラムと同様に、歴代RX-7のリフレッシュプログラムや、パーツフェニックスと命名した旧車の部品供給プログラムなどが一部（FD）実現したが、これらの活動をさらに拡大して、いつまでも安心してマツダのスポーツカーを愛用していただけるようになることを切望する。また日本の税制も含めてもっともっと旧車に優しい社会に変えてゆくべきであり、その面でのマツダの会社としての積極的な活動も大いに期待したい。最後に、今も続いているマツダ技術者達による将来のREに向けての「飽くなき挑戦」により1日も早くREの次世代が見えてくることを心から願っている。

1991年の東京モーターショーに展示されたデビューしたばかりのɛ̃fini RX-7。展示されていたのは最上級のTypeXで、東京地区希望小売価格は444万円（消費税別）だった。（上下写真提供：青木英夫）

RX-7（FD）の変遷（1991年-2002年）

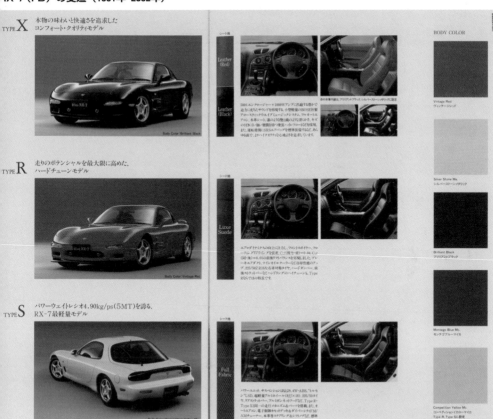

TYPE **X** 本物の味わいと快適さを追求した
コンフォート・クオリティモデル

Body Color : Brilliant Black

TYPE **R** 走りのポテンシャルを最大限に高めた、
ハードチューンモデル

Body Color : Vintage Red

TYPE **S** パワーウェイトレシオ4.90kg/ps（5MT）を誇る、
RX-7最軽量モデル

Body Color : Competition Yellow Mic.

シート地
Leather（Red）
Leather（Black）

シート地
Luxe Suede

シート地
Full Fabric

BODY COLOR

Vintage Red
ヴィンテージレッド

Silver Stone Me.
シルバーストーンメタリック

Brilliant Black
ブリリアントブラック

Montego Blue Mc.
モンテゴブルーマイカ

Competition Yellow Mc.
コンペティションイエローマイカ
Type R、Type S に設定

発売当初のRX-7（1型）のグレード一覧。
一番下のコンペティションイエローマイカは、
1型の「Type R」と「Type S」のみで選択
できる色だった

1992年10月に登場したRX-7（FD）で初めての
特別仕様車の「Type RZ」。RX-7（FD）とし
ては最初の2シーターモデルでもあった

1991年のル・マン24時間レースで総合優勝を果たしたマツダ787Bと並んだRX-7（FD）

RX-7（2型）の標準モデルで最も走行性能を高めた「Type R」。オプションの17インチタイヤとBBS製アルミ
ホイールを装着している

RX-7（2型）で登場した「Type R-Ⅱ」は、「Type R」をベースに走りのために装備を厳選した2シーターモ
デル

RX-7（2型）では、AT車を「ツーリングシリーズ」としてグレードを独立させた。写真はガラスサンルーフや
SRSエアバッグを装備した上級グレードの「TOURING X」

左の写真は、RX-7（3型）で登場した特別仕様車「ẽfini RX-7 Type R バサーストX」のカタログ。冊子ではなく一枚もので、裏面に装備、諸元、説明が記載されていた

右の写真は、RX-7（4型）のカタログの表紙。1997年10月から車名が「MAZDA RX-7」に変更された

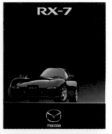

THE SPORTS CAR

ウィナーの資質。
RX-7 Type R バサースト誕生

すべてのメカニズムを貫くのは、スポーツカーとしての揺るぎない資本。

STANDARD EQUIPMENT

1995年2月に登場した特別仕様車「RX-7 Type R バサースト」。「バサースト」はオーストラリアで行なわれる12時間耐久レースの名で、その後の特別仕様車やグレード名にたびたび登場する

Type RZ

TECHNICAL DATA

Transmission	5-speed manual
Final gear ratio	4.300
Differential gear	Strengthened "Torsen" limited slip differential
Tires	EXPEDIA S-07(front:235/45ZR17 rear:255/40ZR17)
Wheels	BBS aluminum wheels(front:8JJ-17 rear:8.5JJ-17)
Brake diameter size	17inch type
Shock absorbers	BILSTEIN
Coil springs	Hard type
Strut tower bar	front & rear

これまで2度限定モデルとして設定された「Type RZ」は、1995年3月に登場したRX-7（3型）からカタログモデルとなった

1997年10月に登場した特別仕様車「RX-7 Type RS-R」。「Type RS」に2シーターモデル「Type RZ」の専用装備を採用して走行性能を高めた。専用デザインのメーターパネルも特徴だった

1998年12月に発表されたRX-7（5型）のカタログの表紙（下左）とメーターパネル（下右）。垂直0指針のタコメーター（MT車）とブースト計が新たに採用された

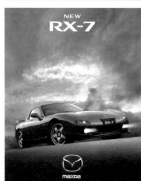

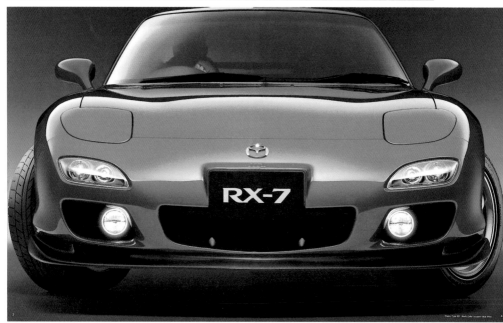

RX-7（5型）のフロントビュー。4型までのモデルからフロントまわりのデザインが大きく変更となった

Type R

Type RS

RX-7（5型）のラインアップの中でも走行性能を重視した「Type RS」（左）と「Type R」。「Type RS」には、ビルシュタインダンパーが装着されている

20年目のDesigned by Rotary.

RX-7（5型）が発表された1998年は、1978年の初代RX-7（SA）登場からちょうど20年となった。そのため、カタログでは「20年目のDesigned by Rotary.」と題して、RX-7とロータリーエンジンの特徴や、FDの進化について語られている

左は「史上最強」をうたい、2000年10月に登場した「RX-7 Type RZ」、右は2002年3月に発表された最後の特別仕様車「SPIRIT R SERIES」。1500台限定を意味する「ONLY 1500 UNITS」の記載がある

極点に到達したRX-7。ここには

スポーツカーの官能は、時を超えて輝き続ける。

マツダのファイブポイントグリルを採り入れたラジエター開口部から、
左右フェンダーを隆起させた低いフロントノーズ、中央部を前後方向にわずかにくぼませたルーフを経て、
ウィッカー付可変式大型リアスポイラーを持つリアエンドへと続くローシルエット、
ドライバーとマシンをより緊密に一体化するための機能を追求した独創のフォルムは、
官能を刺激してやまない。真のスポーツカーは、時を超えて輝きを放ち続けるのだ。

※Type RZ、Type R、Type B(coupe)の標準装備
Photo：Type RZ　Body Color：Vintage Red
※記載の装着アイテムはメーカーオプション及びディーラーオプションを含みます。

デザインド・バイ・ロータリー。

リアミッドシップ車を連想する低いフロントノーズ。
その中の前車軸後方に206kW（280PS）ユニットを搭載した
フロントミッドシップレイアウトをもたらす。
前後重量配分50：50とオーバーハング部の軽量化。
圧倒的に小型軽量なロータリーにして初めて可能なこのレイアウトが、
極めて高度な人馬一体のハンドリングを支えている。
Designed by Rotary。初代SA22C以来、継承し続けてきた
RX-7の原点である。

※Type RZ、Type Rに標準。

最後のマイナーチェンジとなったRX-7（6型）のカタログには、歴代のRX-7に加えてマツダ787Bも登場した豪華な作りとなっている

RX-7 SPIRIT R SERIES

3代目RX-7「FD3S」。それは、4ローターマシンMAZDA787Bが日本車初のル・マン24時間レース総合優勝を果たした1991年に登場した。以来10年を超える歳月の中で、「FD3S」は最高出力206kW（280PS）を獲得した国産FR車初となるパワーウェイトレシオ6.1kg/kW（4.50kg/PS）を達成するに至った。小型・軽量・高出力ロータリーエンジンを前々輪後方に搭載するフロントミッドシップ。このレイアウトが可能にする、理想的な前後重量配分50：50とヨー慣性モーメントの極小化。そして徹底的なウェイト削減。初代「SA22C」、2代目

すべてを進化させてきたパワーとクオリティを、さらに充実させた「FD3S」こそ、新世紀一番のスポーツカーだ。E型のパワーユニットはそのままに、そして、RX-7「SPIRIT R」シリーズ誕生。RECARO社製シートのグレードType A をはじめ、Type B、Type C（4AT）のシリーズを揃えBBS社製17インチ装着アルミホイールなどこだわりのスポーツアイテムを完備する全1500台の限定モデルだ。車高調整型ダンパー搭載の特別仕様車Type Rバサーストも同時ラインアップ。RX-7にいま、自らの原点を極める時が来た。#Type R #R-15

2002年4月から発売された「SPIRIT R SERIES」。すでにFDの生産終了は決定しており、3世代のRX-7が走行するシーンを掲載したカタログでフィナーレを飾った

情熱と経験のすべてがある。

FC3S
SA22C
MAZDA787B
FD3S

23年間、RX-7はサーキットで磨かれてきた。

早くからサーキットを実験場としてきたマツダのロータリーは、RX-7の時代に入り、レース活動を本格化。1979年から本格的な挑戦を始めたル・マン24時間レースでは、1991年にMAZDA787Bでついに総合優勝を達成。ロータリーの性能と耐久性の高さを世界中に証明した。SA22C、FC3S、FD3Sと一貫して続くパワーと軽量化とハンドリングの進化は、数々のレースで培った技術と経験によって加速してきたのである。

アンフィニの
スポーツです。
RX-7

THE SPORTS CAR. それは熟成を重ねたものだけが語り得るリアルストーリー。ε̃fini **RX-7**

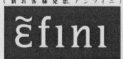

（新お客様発想 アンフィニ）

ε̃fini

スポーツカーの資質とは何か。それは「走っている時も止まっている時も、どんなシーンにおいても心昂らせる存在であること」。そして、その最大の鍵は、安全性能を最大限に満たした上での「徹底的な軽量化」ということだ。クルマの重量を1グラムでも軽くしたい。私たちは、あらゆる可能性に挑戦した。その結果、パワーウエイトレシオ4.9kg/ps*を達成。しかも前後重量配分50：50ジャスト。アンフィニRX-7。それは、スポーツカーの本質を知るすべてのドライバーとの夢の共有である。（5MT車の数値）

PHOTO：Type R ● 全長×全幅×全高(mm)＝4295×1760×1230 ● 最高出力(ps/rpm)＝255/6500(ネット* ● 最大トルク(kg-m/rpm)＝30.0/5000　＊「ネット」とはエンジンを車両に搭載した状態とほぼ同条件で測定したものです。

1991年12月の発売を前にして掲載された「ε̃fini RX-7」の雑誌広告。下の広告コピーには、徹底的な軽量化の結果実現したパワーウエイトレシオ4.9kg/ps、さらに50：50ジャストの前後重量配分が説明されている。発売直後も同様の広告が使われたが、発売前のため、左上に「予約受付中　12月1日発売」と記載されている

第3章

RX-7（FD）マイナーチェンジの記録
2型から6型までの技術解説

1993年8月16日

最初のマイナーチェンジ（2型）

　FD最初のマイナーチェンジは、サスペンションの改良とグレード体系見直しが主な内容だった。

　リアのクロスメンバーにトレーリングメンバーを追加し、前後のストラットタワーバーをリジッド化するなど、ボディ剛性の向上とダンパーサイズの大型化などにより、走行性能の向上と乗り心地を両立させた。また、フロントのバンプストッパーを長くして、リアのバンプストッパーの材質をゴムからウレタンに変更することで、車体がロールしても徐々にサスペンションを支えるようになり、限界近くのコーナリング時におけるコントロール性を向上させた。また、ブリヂストンの17インチタイヤ（エクスペディアS-01）を「タイプR」にオプション設定した（17インチタイヤ装着モデルは、同時に発表された限定車「タイプRZ」と同様に10月1日からの発売）。

　エクステリアでは、フォグランプを白色化することで光度がアップした。全長は、フロントナンバープレートホルダーの変更により15mm短くなった。

　グレード体系は、「タイプR」をベースに、後席を廃止して走りのためだけに装備を厳選した2シーターモデルの「タイプR-II」を追加し、これまでの「タイプS」「タイプX」は「ツーリングS」「ツーリングX」としてAT専用グレードとなった。

　インテリアでは、インパネやドアまわりにシボ加工を施して質感を向上させた。また、各メーターのリングを「ツーリングS」と「ツーリングX」を除き従来のクロームメッキから黒に変更した。コンソール部に設置されていた灰皿をシガーライターとセットでディーラーオプションとして、そのスペースにシフトチェンジ時の左ひじをサポートするソフトパッドで覆われたアームレスト兼小物入れを設置した。さらに、小物入れの隣にあった2つのスイッチふたをコインホルダーに変更した。「タイプR-II」には、4シーターモデルの後席が設置される場所にストレージボックス（ふた付きの収納スペース）を設置した。ストレージボックスは、前年に発売された特別仕様車「タイプRZ」も含めて最終モデルまでの2シーター車全てに装備された。これまでの「タイプX」に標準装備されていた「アコースティックウェーブミュージックシステム」はオプションになると同時に、後継の「ツーリングX」に加え、限定車を除く全てのグレードで選択できるようになった。

　このほかにも環境対策としてエアコンの冷媒を変

灰皿の代わりに新設されたソフトパッドを開くとこのように小物入れになっている

サスペンション内部の構造図。車体のコントロール性を向上させる為、2型からウレタン素材に変更されている

バンプストッパー

シリンダー

更するなどきめ細かい改良がなされた。

　ボディカラーはコンペティションイエローが廃止となり、代わりにシャストホワイトが設定された。

グレード	価格（消費税別）
タイプR（5MT）	391.0万円
タイプR-Ⅱ（5MT）	338.0万円
ツーリングS（4AT）	374.0万円
ツーリングX（4AT）	423.0万円

（1993年8月時点）

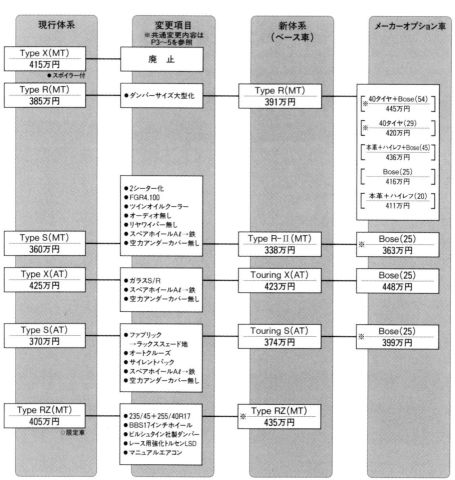

現行体系	変更項目 ※共通変更内容は P3〜5を参照	新体系 （ベース車）	メーカーオプション車

Type X(MT)
415万円
●スポイラー付

廃　止

Type R(MT)
385万円

●ダンパーサイズ大型化

Type R(MT)
391万円

[※ 40タイヤ+Bose(54)
445万円]

[※ 40タイヤ(29)
420万円]

[本革+ハイレフ+Bose(45)
436万円]

[Bose(25)
416万円]

[本革+ハイレフ(20)
411万円]

●2シーター化
●FGR4.100
●ツインオイルクーラー
●オーディオ無し
●リヤワイパー無し
●スペアホイールAℓ→鉄
●空力アンダーカバー無し

Type S(MT)
360万円

Type R-Ⅱ(MT)
338万円

※ Bose(25)
363万円

Type X(AT)
425万円

●ガラスS/R
●スペアホイールAℓ→鉄
●空力アンダーカバー無し

Touring X(AT)
423万円

Bose(25)
448万円

Type S(AT)
370万円

●ファブリック
　→ラックススェード地
●オートクルーズ
●サイレントバック
●スペアホイールAℓ→鉄
●空力アンダーカバー無し

Touring S(AT)
374万円

※ Bose(25)
399万円

Type RZ(MT)
405万円
○限定車

●235/45＋255/40R17
●BBS17インチホイール
●ビルシュタイン社製ダンパー
●レース用強化トルセンLSD
●マニュアルエアコン

※ Type RZ(MT)
435万円

1型から2型へのグレード体系変更の一覧。※印のモデルは1993年10月からの生産、販売だった

1995年3月22日

2度目のマイナーチェンジ（3型）

このマイナーチェンジは、グレード体系の整理が主となっている。まず、1995年2月に登場した特別仕様車「タイプRバサースト」をカタログモデルとして継続販売、また過去に台数限定で発売された「タイプRZ」もカタログモデルとなった。そしてこれまでの「タイプR」は装備を大幅に充実させるとともに「タイプR-S」に名称変更した。また、「ツーリングX」の装備と価格を見直したうえで「ツーリングS」を廃止したことで、AT車は「ツーリングX」1グレードとなった。

「タイプRZ」は、1993年10月に発売された2ndバージョンの内容に加えて、17インチ用大径ディスクブレーキの採用で制動力を向上させ、「タイプR-S」は、これまでの「タイプR」ではオプションだった17インチのタイヤとアルミホイールを標準装備とした。また「タイプRZ」と「タイプR-S」はリアの揚力を抑える新デザインのリアスポイラーとMOMO社製の本革巻ステアリングホイールを採用している。「ツーリングX」は、新デザインのリアスポイラーの採用に加え、シート地を本革からラックススエードに変更した。

ボディカラーはモンテゴブルーが廃止され4色（「タイプRZ」はブリリアントブラックのみの設定）となった。

グレード	価格（消費税別）
タイプRバサースト（5MT）	328.5万円
タイプR-S（5MT）	389.0万円
タイプRZ（5MT）	396.0万円
ツーリングX（4AT）	381.5万円

（1995年3月時点）

1996年1月17日

3度目のマイナーチェンジ（4型）

このマイナーチェンジは、MT車のエンジン出力のアップやエクステリアの変更など、これまでよりも大きな改良となっていた。

グレード体系は、「タイプR-S」が走行性能や安全性能の向上とともに名称を「タイプRS」に変更、「タイプRバサースト」を廃止する一方でベースグレードの「タイプRB」と装備を充実させた「タイプRBバサースト」を新設定した。「タイプRZ」と「ツーリングX」は継続設定となった。

MT車のエンジンは、エアインテークパイプの内径を拡げるなど吸気系の抵抗を減らし、高回転域でのターボ過給圧のアップ、高速処理ができる16ビットコンピューターの採用により最高出力を10psアップの265psとするとともに、エンジン回転数7,500rpmの時の出力を13ps、トルクを1.2kg-mアップさせ、高回転域での加速性能をさらに向上させた。これに伴い、MT車のオイルクーラーは全車ツインとなった。最高出力のアップによりパワーウエイトレシオは「タイプRZ」で4.72kg/psとなった。

「タイプRS」では、「タイプRZ」で採用されていた強化タイプのトルセンLSDと17インチ用大径ブレーキディスクを採用、最終減速比も「タイプRZ」と同じ4.300に変更し、各性能を向上している。さらに、新開発の5本スポークタイプ17インチ軽量アルミホイールを装着し、タイヤの接地性を高めた。

エクステリアは、丸型3連デザインのリアコンビネーションランプを全車に採用、「タイプRZ」などに採用されていたリアの揚力を抑える2本ステイタイプの大型リアスポイラーを「タイプRB」を除く全車に標準装備した。

インテリアは、全車のインパネの照明をアンバー

1998年3月発行のカタログ表
紙より。4型ではあるが車名
変更後のため、フロントとホ
イールのエンブレムがアンフ
ィニからマツダに変更されて
いる

同じく1998年3月のカタログより。4型
のエクステリアの大きな変更点である、
丸型3連リアコンビネーションランプが
よくわかる

（オレンジ色）からグリーンに変更した。

これまで「ツーリングX」に標準装備されていた一方で他のグレードにはオプションでも装着できなかった運転席SRSエアバッグシステムが「ツーリングX」以外の全グレードでオプション設定された。また、エアバッグ非装着車のステアリングホイールは衝撃吸収タイプのMOMO社製となった。

ボディカラーに変更はなかった。

※マイナーチェンジ後の小変更

1996年12月20日、特別仕様車「タイプRBバサースト X」と同時に、運転席SRSエアバッグシステムを内蔵したMOMO社製本革巻ステアリングホイール

の全車標準装備が発表された。これにより、すでにSRSエアバッグシステムが標準装備だった「ツーリングX」を除き、既存の全グレードで価格が4万円アップ（消費税別）となった。

1997年10月14日、マツダの販売系列の再編に伴い、車名が「アンフィニRX-7」から「マツダRX-7」に変更となることが発表された。

グレード	価格（消費税別）
タイプRB（5MT）	320.0万円
タイプRBバサースト（5MT）	340.0万円
タイプRS（5MT）	366.5万円
タイプRZ（5MT）	397.5万円
ツーリングX（4AT）	381.5万円

（1996年1月時点）

最高出力だけでなく、高回転域のパワーも向上させたロータリーエンジンが、コンパクトにエンジンルームに収まっている

1998年12月15日（発売は1999年1月21日）
4度目のマイナーチェンジ（5型）

このマイナーチェンジでは、一部グレードを除くMT車の最高出力が当時の自主規制値の上限である280psとなったことや、フロント部を中心にデザイン変更がされるなど、大幅な変更が行なわれた。

グレード体系は全面的に見直され、「タイプRB」「タイプR」「タイプRS」の3グレードに集約、「タイプRB」はMT、ATともに特別仕様車を除いて初めて300万円を切るグレードとなった。

「タイプRB」のMT車にはウィッカー付可変大型リアスポイラー、ポテンザS-07タイヤ、リアストラットバーなど「タイプR」に近い装備に加え、フロントフォグランプやオーディオをセットオプションとして装着した「Sパッケージ」が設定された。

「タイプRS」と「タイプR」のエンジンは、ターボチャージャーを大幅に改良させた。コンプレッサーにはアブレーダブルシール（コンプレッサーの羽根とケースの隙間を減らす部品）を採用し、タービンは外径を縮小しながら羽根の傾斜角度を大きくすることで排気の流路面積拡大とレスポンス向上を両立させ、最大過給圧を約2割アップさせた。さらに排気システムの抵抗を減らすなどの改良により最高出力を280psに、最大トルクを32.0kg-mに向上させた。また、全車で空気取り入れ口の拡大やエアクリーナー専用エアインテーク採用などによる冷却性能向上を実施し、高温、高負荷走行時に安定したエンジン性能を発揮できるようにした。

サスペンションは、ダンパーのタイプを「タイプRB」にはノーマル仕様、「タイプR」にはハード仕様、「タイプRS」にはビルシュタイン社と共同開発したものを採用し、グレードに合わせたセッティングとした。

デザイン面では、冷却性能向上に伴い、フロントバンパーの空気取り入れ口をマツダのデザインテーマに基づいたファイブポイントグリル（5角形）に変更、また、フロントコンビネーションランプを大型化し、中のポジショニングランプとターンシグナルランプをリアコンビネーションランプと同様の丸型モチーフとした。ナンバープレート取付け部は、空力特性向上のためバンパーと一体化させた。これらのデザイン変更に伴い、全長は5mm延長されている。

「タイプRS」「タイプR」「タイプRB Sパッケージ」には、走行シーンに合わせてフラップ（水平翼）の角度を4段階に調整できるウィッカー付可変式大型リアスポイラーが装備された。

インテリアでの大きな変更点はメーターパネルで、デザインの変更とともにこれまでの油圧計に替えてブーストメーター（過給圧計）を採用した。また、MT車のタコメーターを垂直0指針（0が真下に位置する）に変更。また、1993年8月のマイナーチェンジの時に全車で廃止（ディーラーオプション）した灰皿とシガーライターを「タイプRS」と「タイプR」に標準装備としている。

安全装備として助手席SRSエアバッグシステムを全車に標準装備した。

ボディカラーは、シルバーストーンメタリックが廃止となり、イノセントブルーマイカとハイライトシルバーメタリックが追加された。

グレード	価格（消費税別）
タイプRB（5MT）	289.8万円
タイプRB（4AT）	299.8万円
タイプRB Sパッケージ（5MT）	312.8万円
タイプR（5MT）	347.0万円
タイプRS（5MT）	377.8万円

（1999年1月時点）

新RX-7開発のねらい

　新RX-7の開発では、パワーウエイトレシオをさらに軽減することによって、より速く、よりコントローラブルに進化させることを目指しました。そして、その具現化のために、RX-7の優れた資質であり、スポーツカーにとって命とも言うべき「軽さ」を犠牲にすることなく、エンジンをパワーアップさせることを最重要課題としました。その結果、ターボチャージャーの性能アップやクーリングシステムの改良によって、エンジンの重量を上げずに、従来比15馬力アップの最高出力280馬力を実現することで、パワーウエイトレシオは4.57kg／PS（タイプRS）を達成しました。

　また、エンジンのパワーアップにともない、ドライバーがそのポテンシャルを高度な運動性能としてフルに引き出せるように、シャシーやエアロダイナミクスについても、さまざまな角度から熟成を行いました。

　こうして新RX-7では、トータルなパフォーマンスアップにより、「操る楽しさ」をより高いレベルに引き上げることができました。

　RX-7が20年もの間多くのユーザーに支持されてきたのは、「操って楽しい」クルマをつくるという私たちの主張が受け入れられたからに違いありません。そしてその走りを支持してくださる人たちがいる限り、RX-7は独自の存在感を保ち続けるのです。

　新RX-7により、「操る楽しさ」の新たなる進化をより多くの方々に実感いただき、熱い共感を得られればこれに勝る喜びはありません。

1998年12月

RX-7 担当主査 貴島 孝雄

5型の概要を説明したRX-7主査、貴島孝雄氏のあいさつと、5型開発に関わったメンバーの集合写真

■主な変更内容

パワーユニット	280馬力仕様13B-REW・ 2ローターロータリーエンジン	・ターボチャージャーの高効率化＆大流量化 ・エグゾーストシステムの低排圧化 ・アペックスシール潤滑性能の向上
クーリングシステム	エンジン冷却性能の向上	・エアインテーク開口面積を拡大（従来比 約2倍） ・ラジエターのコア厚拡大 ・各エアダクトの独立化 ・オイルクーラー用エアガイドを新設 ・エアクリーナー専用エアインテークを新設 ・電動ファンの羽根枚数増加
	ブレーキ冷却性能の向上	・エアインテーク開口面積を拡大 ・エアダクトの形状変更
シャシー	サスペンション	・ダンパーの減衰力を変更 ・アッパーマウントラバーの予圧縮アップ ・ウレタン製バンプストッパー（フロント） ・コイルスプリングのバネ定数変更 　（※従来タイプRZ→新・タイプRS） ・フロントスタビライザーのバネ定数変更
	ステアリング	・ステアリングギアのバルブ特性を変更 ・トーションバーのバネ定数アップ ・ナルディ社製小径ステアリングホイール
	タイヤ	・シリカを配合した新コンパウンドタイヤを設定 ・トレッドパターン変更（4EC-AT車）
エクステリア	エクステリアデザインの変更	・フロントフェイシア ・16インチアルミホイール ・新ボディカラー
	空力性能の向上	・フロントスポイラーの大型化 ・ウィッカー付き可変式大型リアスポイラーを新設
インテリア	メーターパネルのデザイン変更	・タコメーターの0置針化（5MT車） ・スピードメーター＆タコメーターの精緻化 ・ブーストメーターの新設
	安全装備の充実	・助手席SRS（※）エアバッグシステムの新設

（※）SRS：Supplemental Restraint System（乗員保護補助装置）

■軽量化への取り組み
＜主な軽量化アイテム＞

部品名称	実施内容	重量（kg）
フロントバンパーレインフォースメント	薄肉化	-0.46
フロントナンバープレートホルダー	バンパーとの一体化	-0.20
フロントサイドリフレクター	廃止	-0.14
ラジエターダクト	形状の簡素化	-0.40
ラジエター電動ファン	モーターのサイズダウン	-0.80
ステアリングホイール	小径化	-0.23
16インチアルミホイール	デザイン変更、薄肉化	-0.45／1本

5型の主な変更内容の説明と、軽量化の各項目と数値

■機種体系

　機種体系は、タイプRS、タイプR、タイプRBの3機種で構成されます。変速機は、5速マニュアルトランスミッション（5MT）をすべての機種に設定し、電子制御式4速オートマチックトランスミッション（4EC-AT）をタイプRBに設定しています。エンジンは、280馬力仕様をタイプRSとタイプR、265馬力仕様をタイプRBの5MT車、255馬力仕様をタイプRBの4EC-AT車にそれぞれ搭載しています。

　なお、タイプRBの5MT車には、ウィッカー付可変式大型リアスポイラーや、ポテンザS-07タイヤ、フロントフォグランプなど、タイプRと同等の装備をセットオプションとした「Sパッケージ」を設定しています。

＜機種体系一覧＞

機種名			タイプRS	タイプR	タイプRB		
					Sパッケージ		
変速機			5MT				4EC-AT
エンジン	型式・種類		13B-REW型・水冷直列2ローター				
	最高出力（ネット）	PS/rpm	280/6,500		265/6,500		255/6,500
	最大トルク（ネット）	kg-m/rpm	32.0/5,000		30.0/5,000		30.0/5,000
シャシー	ダンパー		○（ビルシュタイン）	○（大径ハード）	○（スタンダード）		
	トルセンLSD		○（強化タイプ）	○（強化タイプ）	○	○	○
	フロントストラットバー		○	○	○		
	リアストラットバー		○	○	○		
	フロントスタビライザー		○	○	○	○	○
	リアスタビライザー		○（大径サイズ）	○（大径サイズ）	○	○	○
タイヤ	前：235/45ZR17　後：255/40ZR17		○（POTENZA）				
	225/50ZR16			○（POTENZA）	○		
	225/50R16 92V					○（ADVAN）	○（DUNLOP）
セーフティ	運転席＆助手席　SRSエアバッグシステム		○	○	○	○	○
	4W-ABS		○	○	○	○	○
その他	ウィッカー付可変式大型リアスポイラー		○	○	○		
	エンジンオイルクーラー		○（ツイン）		○（シングル）		

機種体系の説明。限定車として登場し、3型でカタログモデルとなった「タイプRZ」は、5型の時にカタログから外れ、高性能モデルのポジションは「タイプRS」が引き継いだ

「タイプRS」および「タイプR」に搭載するエンジンは、4型で265psに出力アップしたMT車用エンジンをもとに、エンジンの重量を増加することなく出力を280psに向上することにより、「タイプRS」ではパワーウエイトレシオ4.57kg/psを実現。さらに、最軽量グレードの「タイプR」では4.50kg/psを達成した。また、2,500rpm以上の中速域においてトルクを最大2kg-m高め、実用域での加速性能を向上させた。さらに、5,000rpm以上の高速域において出力を15〜18ps高め、トップエンドの伸びを向上させた。

ターボチャージャーは高効率化と大流量化のために、コンプレッサー、タービン双方を変更した。

コンプレッサーは、高回転時にブレード（翼車）の先端がぶれることを考慮して翼車とケースの間にチップクリアランスを設けており、この隙間からエアが漏れることでわずかではあるが効率が落ちる。280ps仕様のエンジンではケース側に、翼車によって削られることを前提とした樹脂部品、アブレーダブルシールを新たに設けることによりチップクリアランスを限界まで縮小させ、コンプレッサーの高効率化を実現した。

タービンについては、外径を直径51mmから50mmに縮小しながら、タービン翼の傾斜角度を大きくすることで排気の流路面積を拡大し、ハイフロー（大流量）化と慣性マスの低減を実現した。さらに、ロータリーエンジン特有の排気パルスを有効活用するために翼長を延長し、容量を拡大した。このウルトラハイフロータービンにより、低速域の過給レスポンスを向上させた。

また、高回転域の出力向上のため、エンジンコン

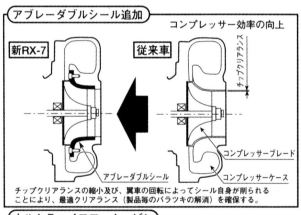

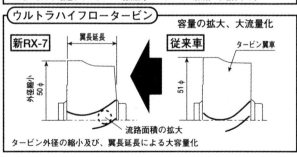

新採用したアブレーダブルシールとウルトラハイフロータービン

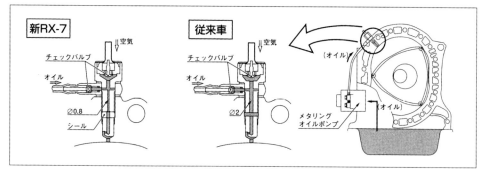

アペックスシール潤滑性能向上のために改良されたメタリング・オイル供給システム

ピューターを変更し、燃料噴射量、点火時期、過給圧を最適化させた。

　280ps仕様のエンジンでは、オイル供給システムやエグゾーストシステムも変更されている。

　オイル供給システムについては、ローターハウジングに設けられているメタリング・オイル供給ノズルの構造を変更し、オイルの供給応答性を高めた。これにより、オイルがローターハウジングの内周面に素早く供給されるようになり、急加速時でも安定したアペックスシール潤滑性能を実現している。

　エグゾーストシステムについては、フロントパイプの肉厚をこれまでより約0.5～1.0mm薄くすることにより、外形を変えることなく排気流路断面積を拡大した。また、メインサイレンサーの内部構造を変更して低抵抗化を図ることにより、排気抵抗を低減した。これらの変更により、排圧を約10％（約100mmHg）低減することが可能となった。

　さらに、エグゾーストサウンドについてもファインチューニングを施し、ドライで切れの良い音調が特徴のロータリーサウンドをベースに、より深みのあるスポーティな音質が楽しめるようになった。

　「タイプRB」（Sパッケージ含む）のMT車に搭載

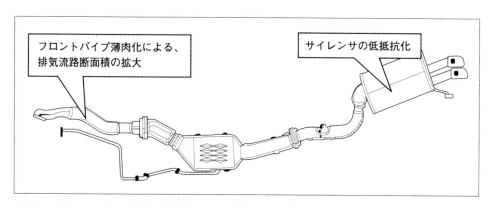

排気抵抗の低減とともにサウンド面でも改良が施されたエグゾーストシステム

する265ps仕様エンジンと、AT車に搭載する255ps仕様エンジンについては、エンジン単体での諸元は従来と変更はないが、280ps仕様エンジンと同等のクーリングシステムを採用することで、高温・高負荷走行時でも安定して高いエンジン性能を発揮できるようになった。

クーリングシステムは、エクステリアの変更を含めて広範囲に変更されている。ラジエター、インタークーラー、オイルクーラー、ブレーキの各エアインテークの開口面積を拡大するとともに、インテーク内のダクトをそれぞれ独立化させた。また、ラジエター用エアインテーク内にエアロリップを設け、開口面積の拡大によって増大する走行風を効率良くラジエターまで導くようにした。さらに、左右のオイルクーラー用エアインテークには、樹脂製のエアガイドを装備して効率を高めた。

ラジエターは、コア厚を25mmから27mmに拡大することにより、クーラントの冷却効率が向上した。

エンジンの仕様				280馬力仕様	265馬力仕様	255馬力仕様
原動機	型式			13B－REW		
	種類			ガソリン・ロータリーピストン		
	総排気量		ℓ	0.654×2		
	シリンダ数および配置			直2ローター縦置		
	弁機構			－		
	内径 × 行程		mm	240.0×180.0×80.0（ロータリー）		
	圧縮比			9.0：1		
	最高出力（ネット）		PS/rpm	280/6,500	265/6,500	255/6,500
	最大トルク（ネット）		kg-m/rpm	32.0/5,000	30.0/5,000	30.0/5,000
	弁又はポート開閉時期	吸気	開き	プライマリ -45°　セカンダリ -32°　BTDC		
			閉じ	プライマリ 50°　セカンダリ 50°　ABDC		
		排気	開き	75°　BBDC		
			閉じ	48°　ATDC		
	無負荷回転速度		rpm	700		700（Pレンジ）
	潤滑装置	潤滑方式		圧送式		
		油ポンプ形式		トロコイド式		
		油冷却器形式		外置式，空冷		
	冷却装置	冷却方式		水冷，電動式		
		放熱器形式		コルゲート形（密封式）		
	過給機形式			ターボ式		
	給気冷却器形式			空冷式		
燃焼装置	空気清浄器	形式		ろ紙式		
		数		1		
	燃料ポンプ形式			電動式		
	燃料噴射装置形式			電子式		
	噴射ノズル	ノズル形式		ピントル式,4		
		噴口	数	1		
			径　mm	1.31（プライマリ）2.34（セカンダリ）		
		噴射圧力	kg/cm²	2.55		

エンジン諸元表。280ps仕様は「タイプRS」と「タイプR」、265ps仕様は「タイプRB」のMT車、255ps仕様は「タイプRB」のAT車に搭載される

さらに、280ps仕様ではフィンピッチを1.3mmから1.1mmに変更することにより、放熱量が約10%向上している。

　2連のクーリングファンの羽根枚数を、従来の5枚から7枚、4枚から5枚にそれぞれ増やして高効率化するとともに、ファン・モーターの消費電力を160Wから120Wの高回転型に変更した。これにより、ファンの軽量化と送風冷却性能の向上を実現している。

　オイルクーラー用エアインテークの開口面積の拡大により、冷却水およびエンジンオイル温度の冷却効率が大幅に向上したため、265ps仕様については、オイルクーラーの数を2個から1個に減らしても従来以上の冷却性能を確保できるため、単数化することで軽量化に貢献することができた。

　エアクリーナー専用のエアインテークを新設することで、これまでインタークーラー用と共用していた流入通路を独立化させるとともに、ラジエターやインタークーラーなどの熱源から離れた位置からフレッシュエアを吸入することできるようになった。これにより、高温・高負荷走行時での吸気温度を最大25℃低下することが可能となった。

　フロントブレーキの冷却性向上のため、これまで地面と水平に設定していたエアダクトをディスクローターの中心部方向にスラントさせ、ディスク全体をカバーしているダストカバーでは、これまでの平面的なスリットを廃止して導風板を新設した。これらにより、ブレーキの冷却効率を最大40%向上している。

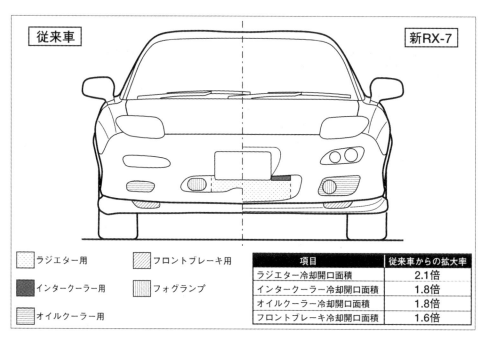

項目	従来車からの拡大率
ラジエター冷却開口面積	2.1倍
インタークーラー冷却開口面積	1.8倍
オイルクーラー冷却開口面積	1.8倍
フロントブレーキ冷却開口面積	1.6倍

各エアインテーク用開口部と、その新旧比較

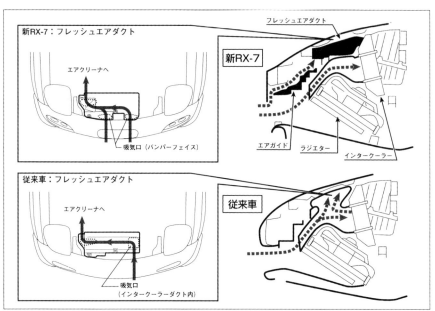

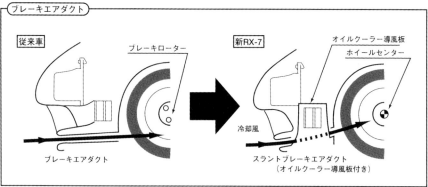

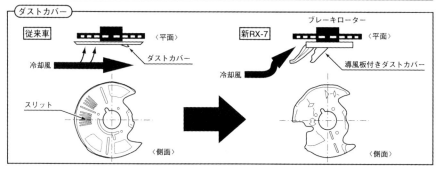

フレッシュエア流入構造と、フロントブレーキのエアダクトおよびダストカバーの新旧比較

サスペンションの構造は基本的に変わらないものの、エンジンやタイヤに応じたベストバランスなセッティングとした。

　詳細は下の表の通りだが、それ以外にも、全ての

ダンパーに対して、アッパーマウントラバーの予圧縮を1.2mmから5.2mmに高めて操縦安定性と乗り心地を両立させ、フロントバンプストッパーをリアと同様のウレタン製に変更している。

項目				新RX-7			従来車
				タイプRS	タイプR	タイプRB	タイプRZ
フロント・サスペンション	懸架方式			ダブル・ウィッシュボーン			←
	スプリング	形式		コイル・スプリング			←
		バネ定数	N/mm	47.1	←	←	49.5
	ダンパー	タイプ		ビルシュタイン	大径ハード	スタンダード	ビルシュタイン
		形式		モノチューブ	ツインチューブ	ツインチューブ	モノチューブ
		減衰力	伸(N)	149	194	108	297
		0.3m/sec	圧(N)	64	75	48	62
	スタビライザー	形式		トーション・バー（中空式）			←
		バー外径	(mm)	28.6×t4.5			28.6×t4.0
		バネ定数	N/mm	90.2			84.3
	フロント・ホイール・アライメント（空車状態）※	トータル・トーイン	(mm)	2			1
			角度	0°12'			0°6'
		切れ角	内側	36°			←
			外側	32°			←
		キャスター角		6°40'			
		キャンバー角		−0°06'			0°06'
		キング・ピン角		14°05'			
リア・サスペンション	懸架方式			ダブル・ウィッシュ・ボーン			←
	スプリング	形式		コイルスプリング			←
		バネ定数	N/mm	35.2	←	←	39.1
	ダンパー	タイプ		ビルシュタイン	大径ハード	スタンダード	ビルシュタイン
		形式		モノチューブ	ツインチューブ	ツインチューブ	モノチューブ
		減衰力	伸(N)	148	150	113	256
		0.3m/sec	圧(N)	63	61	55	54
	スタビライザー	形式		トーション・バー（中空式）			←
	フロント・ホイール・アライメント（空車状態）※	バー外径	(mm)	15.9×t1.8		13.8×t2.3	15.9×t2.0
		バネ定数	N/mm	13.7		9.7	14.6
		トータル・トーイン	(mm)	2			
			角度	0°06'			←
		キャンバー角		−1°13'			←

□部分の項目および数値が、従来車からの変更点。
※空車状態：燃料満、冷却水およびエンジン・オイル規定量、スペア・タイヤ、ジャッキおよび車載工具を搭載しない状態

サスペンション諸元表。ベースグレードの「タイプRB」も含めて、全車で各グレードごとの特性に合わせてセッティングされている

スポーツ走行領域でのダイレクトかつリニアなステアリングフィールと実用領域での扱いやすさをともに向上させるために、ステアリングのファインチューニングを施している。ステアリングギアのバルブ特性を変更することで軽快感を高め、トーションバーのバネ定数を従来の1度あたり1.57N·mから1.96N·mに上げることで剛性感を向上させている。

また、ステアリングホイールは、外径を従来の380mmから370mmに小径化するとともに、エアバッグの部品の中でも最も重いインフレーターを中心に配置して、慣性モーメントを従来に比べて約30%低減、ステアリングフィールを向上させている。

「タイプRS」、「タイプR」、「タイプRB Sパッケージ」には、新開発のシリカ配合コンパウンドを使用した、ブリヂストン社との共同開発による専用タイヤ「ポテンザS-07」を採用した。通常、シリカを配合すると高温時でのドライ路面における操縦安定性の剛性感が悪化する傾向にあるが、このタイヤでは独自の練り工程により、温度変化に強く、シリカのもつ優れたウエット性能に加え、ドライ路での限界領域のコントロール性能と高G領域での優れた操縦安定性を実現している。また、「タイプRB」AT車のタイヤは、トレッドパターンの変更により、ドライ＆ウエット両路での接地性や静粛性を高めた。

ナルディ社と共同開発したSRSエアバッグシステム内蔵本革巻き3本スポークステアリングホイール

「タイプRB」（MT車）用の16インチタイヤ（ブランドはADVAN）

グレード		タイプRS	タイプR	タイプRB		
				Sパッケージ		
トランスミッション		5MT	5MT	5MT	5MT	4 EC-AT
タイヤ	ブランド	POTENZA S-07			ADVAN HF	DUNLOP SPSPORT8050
	サイズ	前：235/45ZR17 後：255/40ZR17	225/50ZR 16	225/50ZR 16	225/50R16 92V	225/50R16 92V

各グレードのタイヤブランドおよびサイズ一覧

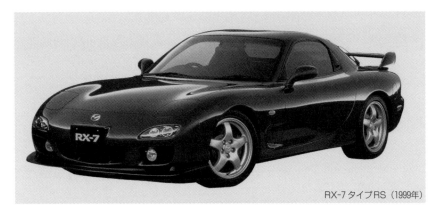

RX-7 タイプRS（1999年）

RX-7 タイプRB Sパッケージ（1999年）

①最適なボディサイズ

　　全長、全幅、ホイールベース、オーバーハングはいたずらに大きくせず、スポーツ走行にお
　いて軽快な動きを可能とする最適なサイズとする。
　　全高は重心とともにできるだけ低くし、スポーツカーらしいローシルエットを実現する。

②徹底的な軽量化

　　加速性能、ハンドリング性能、減速・制動性能など、スポーツカーに求められるあらゆる運動性
　能の向上に貢献する軽量化を徹底的に行う。

③ＦＲレイアウト

　　操舵を前輪、駆動を後輪に機能を分けることで自然な挙動を実現するとともに、コーナリング時
　にトラクションとコーナリングフォースを使い分けてコントロールする楽しみを提供することが
　できるＦＲレイアウトを採用する。

④前後重量配分50：50

　　さまざまな荷重移動に対して、俊敏かつ安定した対応を実現するため、4つのタイヤに均等に車重
　がかかるように前後重量配分を50：50にする。

⑤ヨー慣性モーメントの低減

　　クイックでかつリニアな回頭性を実現するため、重量物をできるだけ車体中央に集中させて、
　ヨー慣性モーメントを低減する。

マツダが理想とするスポーツカーのパッケージングを支える５つの柱

フロントビューでは、冷却効率を高めるために開口面積をひろげたフロントバンパーが、エンジンの高性能化を主張するとともに精悍さを高めている。大型化されたフロントコンビランプは、フロントビューの中央へ力が集中するグラフィックとしている。また、フロントコンビランプ内のポジショニングランプとターンシグナルランプは、リアコンビランプと共通の丸型をモチーフとした。従来よりも低く前に張り出したフロントスポイラーは、下回りのしっかり感と安定感を生み出している。また、フロントスポイラーの両端に造形されるダイブプレーン形状と、「タイプRS」と「タイプR」のフロントスポイラー直後に装備したウレタン製のアンダーフロア整流板、ラジエター用エアインテーク内のエアロリップによって空気の流れを抑制し、エアインテークの開口面積拡大にともなうフロントのリフトを軽減している。さらに、バンパーの両端では新たに曲面をつけることで、フェンダーに留まる空気の淀みを整流する効果を発揮する。フロントコンビランプ下のオイルクーラー用エアインテーク内には、ホワイトバルブの丸型フォグランプを装備している。このフォグランプは35Wから55Wに変更し、従来の約1.5倍の光量を実現している。

リアビューでは、いかなる走行シーンにおいても4輪のタイヤを地面に押し付けてRX-7の持つ性能をフルに発揮させるために、ウィッカー付き可変式大型リアスポイラーを「タイプRS」、「タイプR」、「タイプRB Sパッケージ」に採用した。このスポイラーは、走行シーンに合わせて最適なリフトバランスを任意に設定できるように、フラップ（水平翼）の角度を標準位置の1度から最大14.5度まで4段階に調整できる。スポイラー両端の垂直翼下部に設けたウィッカーは、その独特のエッジによりフラップ下面の空気を整流し、Cd値とリアのダウンフォースを両立している。

リアバンパーの両サイドのリアサイドリフレクターは、ポジションランプに連動して点灯するようになり、夜間走行時の被視認性を高めている。また、「タイプRS」と「タイプR」のリアガラスには、ダークテインテッドガラスを採用した。サイドビューおよびリアビューを引き締めて精悍さを高めるとともに、ラゲッジルームのプライバシー保護や、日差しを和らげることによるエアコンの冷房効率向上にも効果を発揮する。

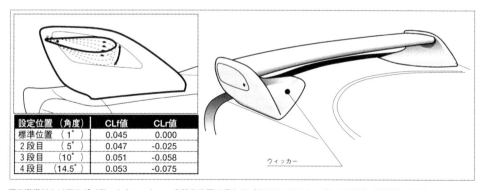

設定位置 （角度）	CLf値	CLr値
標準位置　（1°）	0.045	0.000
2段目　（5°）	0.047	-0.025
3段目　（10°）	0.051	-0.058
4段目　（14.5°）	0.053	-0.075

ウィッカー

可変機構付きリアスポイラーとウィッカー。各設定位置の揚力値（CLfはフロント、CLrはリア）も記載している

MT車のメーターパネルは、中央位置に垂直0指針のタコメーターを装備している。タコメーターの左は、全車に新設されたブーストメーター

運転席＆助手席SRSエアバッグシステム

新たに設定されたボディカラー、イノセントブルーマイカとハイライトシルバーメタリックは、輝度の高い色調により、全身を張りのある曲面で包み込んだ3次曲面ボディを鮮やかに際立たせている。

「タイプR」と「タイプRB」に装備する5本スポークタイプの16インチアルミホイールに、新デザインを採用した。従来の16インチアルミホイールに比べて起伏の少ない平面基調のデザインに変更することで、力強く、大きく見えるデザインとなり、安定感とふんばり感を高めている。また、このアルミホイールは肉厚を薄くすることにより、1本あたりの重量で0.45kgの軽量化を実現している。

5型では、運転席のスポーツカーテイストを強めるために、メーターパネルのデザインを変更している。すべてのメーターの書体を斜体字に変更するとともに、目盛りは先端を鋭角にし、タコメーターではさらにピッチを精緻化することで、メーターグラフィックのスポーティ感を高めた。MT車のタコメーターは、0の位置を真下にしている。6,000回転の目盛りを真上にレイアウトすることで、スポーツ走行で多用するトルクピーク近辺の針の動きを見やすくしている。また、油圧計の替わりに、過給圧の変化を視認できるブーストメーターを新たに装備した。正圧域を意図的に広げることで、ブースト値を正確にかつ瞬時に視認できるようにしている。

ステアリングホイールには、イタリアのナルデイ社と共同開発した本革巻の3本スポークタイプを採用した。

RX-7初代と2代目の歩み（5型広報資料より）
初代サバンナRX-7（SA）

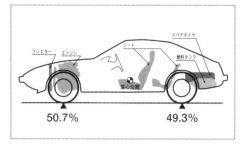

ラジエター　エンジン　シート　スペアタイヤ
燃料タンク
重心位置

50.7%　　　　　　49.3%

　SAは、1978年3月にサバンナの後継モデルとして誕生した。サバンナがセダンをベースとするスペシャリティカーであったのに対し、SAは、専用のボディを持つ本格的スポーツカーとして生まれ変わった。

　軽量・コンパクトなロータリーエンジンの特質を生かしてエンジンをフロントミッドシップのレイアウトで搭載することにより、2名乗車で50.7：49.3という前後重量配分を達成し、競合車に比べて150kg近く軽いボディとあいまって優れた運動性能を実現していた。また、フロントミッドシップレイアウトの採用は、幅広く低く構えたエアロダイナミックボディを実現し、リトラクタブルヘッドランプの採用とあわせて、優れた空気抵抗と個性的なスタイリン

グにも寄与していた。当時としては珍しい、本格的スポーツカーとしての運動性能とスタイリングを持つSAは、当時流行していたスペシャリティカーとは一線を画し、国内外で熱烈に受け入れられた。

　SAは、7年半のモデル期間中に数回の商品改良を行ない、進化を重ねた。1980年11月には、ボディと一体化したウレタンバンパーを採用して空気抵抗をさらに減少させるとともに、4輪ディスクブレーキの採用やエンジンとボディの軽量化を行ない、運動性能を高めた。1982年3月には、6ポートインダクションタイプの12A型エンジンを搭載し、中低速域における燃費改善を実現。そして1983年9月には、165ps（グロス）を発揮する12A型ターボエンジン搭載モデルをラインナップし、あわせてパワーステアリングや減衰力可変式ダンパーを採用していた。

■ 主要諸元（1978年型カスタム）　☆パワーウエイトレシオ：7.58kg／PS

寸法・重量	全長×全幅×全高	mm	4,285×1,650×1,260
	ホイールベース	mm	2,420
	車両重量	kg	985
エンジン	型式		12A
	最高出力（グロス）	PS/rpm	130／7,000
	最大トルク（グロス）	kg-m/rpm	16.5／4,000
サスペンション	懸架方式・前／後		ストラット式／4リンク＋ワットリンク式
ブレーキ	主ブレーキ方式・前		ベンチレーティッドディスク
	主ブレーキ方式・後		フィン付ドラム（L＆T式）

■ 主要諸元（1983年型GT・ターボ）　☆パワーウエイトレシオ：6.18kg／PS

寸法・重量	全長×全幅×全高	mm	4,320×1,670×1,265
	ホイールベース	mm	2,420
	車両重量	kg	1,020
エンジン	型式		12A（ターボ）
	最高出力（グロス）	PS/rpm	165／6,500
	最大トルク（グロス）	kg-m/rpm	23.0／4,000
サスペンション	懸架方式・前／後		ストラット式／4リンク＋ワットリンク式
ブレーキ	主ブレーキ方式・前後		ベンチレーティッドディスク

2代目サバンナ RX-7 (FC)

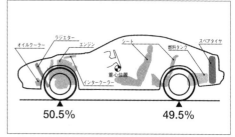

オイルクーラー　ラジエター　エンジン　シート　燃料タンク　スペアタイヤ

インタークーラー　重心位置

50.5%　　49.5%

FCは、1985年9月に発表、翌10月より発売された。SAがライトウエイトスポーツカーであったのに対し、FCでは1ランク上の上級志向のスポーツカーとして開発された。

エンジンは、それまでの12A型からインタークーラー付きツインスクロールターボを装着した13B型とし、最高出力185ps（ネット）を発揮し、動力性能を大幅に高めた。また、コーナリング性能の向上のため、リアサスペンションには4WS技術を応用したトーコントロールハブ付きのマルチリンクを採用した。

エクステリアデザインは、リトラクタブルヘッドランプを持つ、キャノピータイプのスタイルを継承しながら、ブリスターフェンダーやプレスドアの採用により、初代よりもグラマラスで高級感のあるスタイルとなった。

FCもSAと同様に、数回の商品改良により進化を重ねた。1989年4月のマイナーチェンジでは、ローターやフライホイールなどの大幅な軽量化やインディペンデント・ツインスクロールターボの採用、圧縮比のアップなどにより、最高出力が205ps（ネット）に向上した。1987年8月には、ロータリーエンジン車販売20周年を記念して、オープン2シーターの「カブリオレ」を発売した。

また、FCでは、脚まわりを中心に専用チューニングを施して走行性能を一段と高めた「∞（アンフィニ）」シリーズが限定発売された。「∞」シリーズはFCのアドバンスモデルとして計4種が開発された。1989年8月に発売したモデル以降の「∞」では、最高出力が215ps（ネット）となり、パワーウエイトレシオは5.72kg／psを達成した。

■ 主要諸元（1985年型GT）　☆パワーウエイトレシオ：6.54kg／PS

寸法・重量	全長×全幅×全高	mm	4,310×1,690×1,270
	ホイールベース	mm	2,430
	車両重量	kg	1,210
エンジン	型式		13B（インタークーラー付ターボ）
	最高出力（ネット）	PS/rpm	185／6,500
	最大トルク（ネット）	kg-m/rpm	25.0／3,500
サスペンション	懸架方式・前／後		ストラット式／マルチリンク式（セミトレーリング）
ブレーキ	主ブレーキ方式・前後		ベンチレーティッドディスク

■ 主要諸元（1989年型GT－X 5MT車）　☆パワーウエイトレシオ：6.09kg／PS

寸法・重量	全長×全幅×全高	mm	4,335×1,690×1,270
	ホイールベース	mm	2,430
	車両重量	kg	1,250
エンジン	型式		13B（インタークーラー付ターボ）
	最高出力（ネット）	PS/rpm	205／6,500
	最大トルク（ネット）	kg-m/rpm	27.5／3,500
サスペンション	懸架方式・前／後		ストラット式／マルチリンク式（セミトレーリング）
ブレーキ	主ブレーキ方式・前後		ベンチレーティッドディスク

RX-7 (1999年)

＜主要諸元＞

			Type RS	Type R	Type RB	TypeRB [4AT]
■車名・型式	ボディタイプ		2ドアクーペ			
	車名・型式		マツダ・GF-FD3S			
	エンジン		13B-REW型			
	駆動方式		FR			
	機種名		Type RS	Type R	Type RB	TypeRB [4AT]
■寸法・重量・定員	全長×全幅×全高	mm	4285×1760×1230			
	室内長×室内幅×室内高	mm	1415×1425×1025			
	ホイールベース	mm	2425			
	トレッド・前/後	mm	1460/1460			
	最低地上高	mm	135			
	車両重量	kg	1280	1260	1240	1280
	乗車定員	名	4			
■性能・燃費	最小回転半径	m	5.1			
	10・15モード燃費（運輸省審査値）※1	km/ℓ	7.2	8.1		7.7
	60km/h定地燃費（運輸省届出値）	km/ℓ	14.6			14.4
■ステアリング	ステアリング形式		ラック＆ピニオン式			
	倍力装置形式		インテグラル式パワーステアリング			
■サスペンション	懸架方式・前/後		ダブルウィッシュボーン式/ダブルウィッシュボーン式			
	ショックアブソーバー・前/後		筒型複動式/筒型複動式			
	スタビライザー・前/後		トーションバー式/トーションバー式			
■ブレーキ	主ブレーキ形式・前/後		ベンチレーティッドディスク/ベンチレーティッドディスク			
	ブレーキ倍力装置		8インチ＋7インチ径タンデム真空倍力式			
■タイヤ＆ホイール	タイヤ・前		235/45ZR17	225/50ZR16	225/50R16 92V	
	タイヤ・後		255/40ZR17	225/50ZR16	225/50R16 92V	
	ホイール・前		17×8JJ	16×8JJ		
	ホイール・後		17×8 1/2 JJ	16×8JJ		
■エンジン	型式		13B-REW型			
	種類		水冷直列2ローター＋空冷式インタークーラー付シーケンシャルツインターボ			
	総排気量	cc	654×2			
	圧縮比		9.0			
	最高出力（ネット）※2	PS/rpm	280/6500	265/6500		255/6500
	最大トルク（ネット）	kg-m/rpm	32.0/5000	30.0/5000		30.0/5000
	燃料供給装置		電子制御燃料噴射装置（EGI-HS）			
	燃料及びタンク容量	ℓ	無鉛プレミアムガソリン・76 ※3			
■変速機	トランスミッション		5速マニュアル			電子制御4速オートマチック [EC-AT]
	クラッチ形式		乾式単板ダイヤフラム式			3要素1段2相形 (ロックアップ機構付)
	変速比	第1速	3.483			3.027
		第2速	2.015			1.619
		第3速	1.391			1.000
		第4速	1.000			0.694
		第5速	0.762	0.806		-
		後退	3.288			2.272
	最終減速比		4.300	4.100		3.909

※1：燃料消費率は定められた試験条件のもとでの値です。実際の走行時にはこの条件（気象、道路、車両、運転、整備などの状況）が異なってきますので、それに応じて燃料消費率が異なります。※2：エンジンの出力表示には、ネット値とグロス値があります。「グロス」とはエンジン単体で測定したものであり、「ネット」とはエンジンを車両に搭載した状態とほぼ同条件で測定したものです。同じエンジンで測定した場合「ネット」は「グロス」よりもガソリン車で約15％程度低い値（自工会調べ）となっています。
※3：無鉛プレミアムガソリン適合。なお、レギュラーガソリンを使用した際にも自動対応するシステムを装備しており、エンジンの信頼性には問題ありません。但し、若干出力が低下します。

■道路運送車両法による新型車届出書記載数値
◆付属品：スペアタイヤ（応急用）、タイヤ交換用工具　◆本仕様・装備は予告なく変更する場合があります。

RX-7（FD）5型の主要諸元表（左ページ）と主要装備表（右ページ）

RX-7 (1999年)

<主要装備>　○：標準装備　△：メーカーオプション

■機種名		Type RS	Type R	Type RB S-package[※1]	Type RB[4AT]
■変速機形式・変速段数		5MT			4EC-AT
■シャシー＆メカニズム	ダンパー	○(ビルシュタイン)	○(大径ハード)	○(スタンダード)	
	トルセンLSD	○(強化タイプ)	○	○	○
	フロントストラットバー	○	○	○	
	リアストラットバー			○	
	フロントスタビライザー	○	○	○	
	リアスタビライザー	○(大径サイズ)		○	
	4輪ベンチレーティッドディスクブレーキ	○(17インチ専用)		○(16インチ専用)	
	対向4ピストンアルミブレーキキャリパー(フロント)	○(ピストン異径タイプ)			
	空冷式エンジンオイルクーラー	○(ツインタイプ)		○(シングルタイプ)	
	ATオイルクーラー				
	PPF(パワープラントフレーム)	○	○	○	○
■タイヤ＆ホイール	フロント：235/45ZR17左右非対称タイヤ リア：255/40ZR17左右非対称タイヤ	○(POTENZA S-07)			
	フロント＆リア：225/50ZR16左右非対称タイヤ		○(POTENZA S-07)	○(POTENZA S-07)	
	フロント＆リア：225/50R16 92Vタイヤ			○	○
	17インチアルミホイール(フロント：8JJ+リア8 1/2JJ)	○			
	16インチアルミホイール(フロント/リア：8JJ)		○	○	○
	スペアタイヤ T125/70D17タイヤ+17X4T	○			
	スペアタイヤ T135/70D16タイヤ+16X4T		○	○	○
■セーフティ	[標準装備]●サイドインパクトバー ●ハイマウントストップランプ ●前席ELRテンションリデューサー付き3点式シートベルト ●後席3点式シートベルト ●シートベルト非装着ワーニング(運転席) ●タイマー付熱線プリント式リアデフォッガー ●ウインド接着式防眩ルームミラー ●間欠時間調整式フロントワイパー ●フロント安全合わせガラス ●インテリア難燃材 ●ネジ式フィラーキャップ ●二重アクセルリターンスプリング ●ロールオーバーバルブ ●燃料噴き出し防止機構				
	運転席＆助手席SRSエアバッグシステム	○	○	○	○
	4W-ABS(4センサー3チャンネル式)	○	○	○	○
	フロントフォグランプ	○	○	○	○
	間欠式リアワイパー＆ウォッシャー	○	○	○	○
■エクステリア	[標準装備]●アルミ製ボンネットフード ●オイルクーラーエアアウトレット ●軽量リトラクタブルハロゲンヘッドランプ ●電動リモコン式カラードドアミラー(可倒式) ●スクーフィン付きフロントワイパー(運転席側) ●グリーンペンガラス(フロントサンシェード付き) ●プレスベント3次元曲面フロントウィンドー ●サイドシルビッチ塗装				
	フロントスポイラー(フロントブレーキエアダクト付)	○	○	○	○
	ウィッカー付可変式大型リアスポイラー	○	○	○	○
	アンダーフロア整流板	○	○	○	○
	ダークティンテッドリアガラス	○	○	○	○
	リアサイドマーカーランプ	○	○	○	○
■インテリア	[標準装備]●デジタルトリップ＆オドメーター ●パワーウインドー(運転席ワンタッチ機構付き) ●パワードアロック ●イグニッションキー照明 ●運転席フットレスト ●マップランプ付きルームランプ ●グローブボックス ●サングラスボックス(運転席) ●コインホルダー ●軽量フロアカーペット(ループパイル) ●カーゴルームマット ●アルミ製ジャッキ				
	エンジン回転数感応型パワーステアリング	○	○	○	○
	NARDI社製本革巻ステアリング	○	○	○	○
	本革巻シフトノブ	○	○	○	
	ターボブースト計	○	○	○	○
	ATシフトインジケーター				○
	ニーパッド(コンソール側)	○	○	○	○
	アルミ製ブレーキ＆クラッチペダル	○	○	○	
	シガーライター＆照明付きアッシュトレイ	○	○	○	○
	アームレストコンソールボックス	○	○	○	○
■シート	[標準装備]●シートバックポケット(運転席＆助手席) ●ベルトインシート ●可倒式後席シートバック				
	軽量バケットシート	○(ラックススエード)	○(ファブリック)	○(ラックススエード)	○(ファブリック)
■オーディオ	[標準装備]●ダイバーシティアンテナ(オートアンテナ＆ガラスプリントアンテナ) ●センタースピーカー ●リアスピーカー				
	■スーパープレミアムミュージックシステム [※2] ・アコースティックウェイブミュージックシステム ・5スピーカー(フロント50W×2、リアウーハー50W×2、センター15W×1) ・5アンプ(ダイナミックイコライゼーション内蔵2現像スイッチングアンプ×4、センタースピーカー用アンプ×1) ・高性能2チューナーダイバーシティFM/AM電子チューナー＆電子制御フルロジックカセットデッキ ・高性能CDデッキ	△	△		
	■プレミアムミュージックシステム ・5スピーカー(フロント25W×2、リアスピーカー25W×2、センター25W×1) ・ダイバーシティFM/AM電子チューナー 電子制御フルロジックカセットデッキ(25W×4アンプ内蔵)			○	
■空調	マニュアルエアコン	○	○	○	○

●SRS：Supplemental Restraint System(乗員保護補助装置)／エアバッグは衝撃が小さい場合は作動致しません。エアバッグシステムはシートベルトを装着した上での補助安全装置です。●"トルセン"はZEXEL TORSEN INC.の登録商標です。
※1：TypeRB S-packageはTypeRB[5MT]をベースにメーカーセットオプションを装備したものです。
※2：スーパープレミアムミュージックシステムを装着した場合、リアスピーカーレスとなり、専用リアパッケージトレイ＋リアトリムポケットが装着されます。
寒冷地仕様は全車にメーカーオプション設定。寒冷地仕様は積雪寒冷地での使用を考慮してバッテリーの大型化、ワイパーモーターの強化を行っています。

RX-7（1999年）

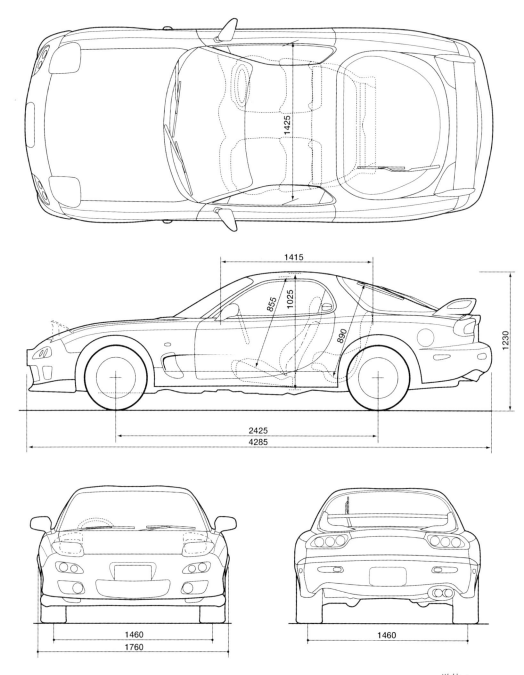

RX-7（FD）5型の外観4面図

単位：mm

主査あいさつ

　私たちRX-7の開発に関わってきたスタッフは、マツダの中でも特にスポーツカーを愛してやまない人間たちです。その情熱が標準モデルに先行してさまざまな施策を投入した2シーター・テクニカルアドバンスモデルを生み出しました。2代目RX-7「FC3S」ベースの∞（アンフィニ）シリーズと、3代目「FD3S」ベースのType RZです。

　私たちは、自分たちが理想とするスポーツカー像の具現化をすべてに優先させ、RX-7の進化をいっそう加速させることを目指したのです。

　今回新たに発表するモデルは、初めての206kW（280PS）・Type RZであり、私たちが四半世紀近くをかけて磨き上げてきたRX-7の集大成です。

　スポーツカーを愛するエンジニアから、スポーツカーを愛するドライバーへ。すべての情熱を込めてお届けします。

主査本部　RX-7担当主査
貴島 孝雄

引き続き6型の主査を担
当した貴島氏のあいさつ

「タイプRB Sパッケージ」のフロント
スタイル

「タイプR」のリアスタイル

「タイプRZ」の登場と同時にマイナーチェンジも発表され、標準モデルの走行性能や安全性を向上させた。これがFD最後のマイナーチェンジとなった。

ABSの制御ユニットをこれまでの8ビットから16ビットに変更するとともにEBD（電子制御制動力配分システム）を採用したことで、急制動時の制動距離短縮と車両安定性を向上させた。

パワーステアリングにチェックバルブを追加したことで、荒れた路面でハンドルの取られや路面からのキックバックを抑えた。また、「タイプRS」と「タイプRB」のダンパーの減衰力を変更したことで操縦性を向上させている。

これまでのサイドインパクトバーに加え、ロアサイドインパクトバーを追加することで側面衝突に対する安全性を向上させた。

インテリアではメーターの文字盤をホワイトに変更、メーターまわりにはメッキリングを追加した。また、シート表皮を一部変更した。オーディオシステムは全面的に変更となり、デビュー当時から設定されていたBOSE社との共同開発による「スーパープレミアムミュージックシステム」が廃止された。代わりに、標準装備されたAM/FM電子チューナーのベースユニット（タイプRS、タイプRB Sパッケージ、タイプRBのAT車はCDプレーヤー付き）をもとに、希望のシステムを自由に追加することができる「新発想オーディオ」を採用した。

ボディカラーは、シャストホワイトがピュアホワイトに、ハイライトシルバーメタリックがサンライトシルバーメタリックに、それぞれ変更となった。

各部の詳細やポイントについて、当時の資料に掲載された貴島氏によるコメントと共に紹介する。

貴島主査の語る“RX-7のエクステリア”
「車としてミステリアスに。高性能で、セクシーに魅力的スタイルであること。」

ミステリアスとは、「なぜこんなに車高が低いの？」「なぜこんな排気量で高性能なの？」など車造りの常識で考えると成立しそうにない事を実現していることである。セクシーに魅力的とは、素直に“かっこいい”車ということである。

エクステリアのポイント

RZ専用色であるスノーホワイトパールマイカは、特徴ある光沢感を持っており、独特のハイライト効果を活かして、その流麗で躍動感あるスタイルをより際立ったものにしている。赤のレカロシートとのコーディネイトで、さらにホットなイメージを持たせ、最速RX-7としての存在感を出している。

RX-7にダミーという名の虚飾は一切ない。フロントフェンダーサイドのエアアウトレットは、オイルクーラーで熱せられたエアをブレーキ周囲にあてないためだ。

いくらテストを繰り返してもCd値が0.01〜0.02程度しか改善されない中、フロントコンビランプをフラッシュサーフェス化せず、5mmの段差をつけることでCd値が0.04も改善。意外であるとともに感動的な発見であった。

ウインドシールドはプレスベント法という特殊な技術で3次元曲面を実現。Cd値を低減している。

グレード	価格（消費税別）
タイプRB（5MT）	294.8万円
タイプRB（4AT）	314.8万円
タイプRB Sパッケージ（5MT）	315.8万円
タイプR（5MT）	354.8万円
タイプRS（5MT）	384.8万円

（2000年10月時点）

左上は前後ストラットバー、左は「タイプRS」のインパネ、右上は通常時のメーターパネル、その下は照明点灯時

下の写真4点は「タイプRZ」のもの。左上はビルシュタイン製ダンパーと専用カラーのBBS製アルミホイール、左下はインパネ、右上はレカロ製バケットシート、右下はフロントサスペンションまわり

貴島主査の語る"RX-7のインテリア"

「スポーツカーを乗りこなす、それはコックピットで五感を共鳴させること。」

　スポーツカーを愛する人は、インテリアのレイアウトにもこだわる。なぜならそれが自らの意志をクルマに伝える唯一の接点だからだ。例えば…

①ステアリングから、路面状況をリアルに感じ取る。

②右足に直結しているように反応するエンジン、はね上がるタコメーター、ブースト計。

③シートを通してタイヤのグリップ状況をセンサーのように感じ取る。

④ブレーキを踏んだ瞬間、荷重がリアタイヤからフロントへ移るのを感じる。

⑤横Gを腰と両膝で受け止めながらコーナーをクリアする。

　確かに、トラクションコントロールなどのデバイスによって、少々ラフに運転しても何とか収まりがつくクルマが多い。それが高性能だと思っている人には、RX-7の味つけはシビアすぎると感じるかも知れない。しかし我々はベーシックな「ドライバーが操るという楽しさ」を提供している。いくら速く走

れても、乗せられるだけの車に、その楽しさはない。

インテリアのポイント

　ドア側アームレストは通常、水平より6度傾いてはいけないという社内基準があるが、デザイン的に傾きをとりたかったので、エンジニアと実車などを使い、評価の結果、タイトゆえにOKとなった。

貴島主査の語る"RX-7のパッケージング"

「意のままに加速し、止まり、曲がる。車と肉体とが融け合う一瞬を体験すること。」

　軽量、フロントミッドシップ、リアドライブ、前後重量配分50：50のボディによりレスポンスが良く、ワインディングも思い通りのラインで曲がれる。かと思えば、ハンドリングがダイレクトに伝わるだけに少しのミスがストレートに襲いかかる。

　発進加速感と高回転域の伸びがロータリーエンジン独自の力強さを発揮し、少しアクセルを踏み込むだけで極限状態に達する。頭の中でイメージしている理想のラインをクリアし曲がれた時は、クルマと身体が一体になり、一段上に突き抜けていくような、

「タイプRS」、「タイプRB Sパッケージ」、「タイプRB」AT車のシート表皮センター部分はスエードからラバーニットに変更している。また、ステアリングの握り部にはディンプル加工を施し、センターパッドにマツダシンボルマークを設置した

なんとも言えない快感が五感を支配する。

　RX-7は自分のテクニックが向上すればするほど、どこまでも速く走れる、ドライバー自身を研ぎ澄ましてくれるクルマだ。

メカニズムのポイント

　穴あきボンネットが不要のクーリング性能。30分のサーキット走行会をフルに走りきってもそのまま帰れる。

　フロントナンバープレートの裏側にもエアインテーク。吸気温を25℃下げると、約10ps分の効果がある。

　ロータリーエンジンは同じ出力のV6と比べると、約50kgも軽い。

　FDに採用したポテンザタイヤは、専用に試作評価した数種類の（シリカ配合）NEWコンパウンドの中から生まれた。

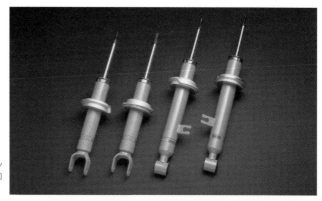

5型の「タイプRS」で採用済みのビルシュタインダンパーは、やや減衰力を抑えてしなやかな特性とした

「タイプRS」のフロントサスペンション。全車に装備されたパワステチェックバルブは、キックバック発生時の作動油の逆流を防止することに加えて、閉じ込められた作動油がダンパーの役割を果たすことでキックバックを低減させる

「タイプRS」のリアサスペンション。「タイプR」のダンパーは、操縦安定性と乗り心地のバランスが取れているため、5型からあえて変更しなかった

安全対策としては、ドライバーを保護するために、ドアレイン＆ロアインパクトバーを追加し、側面衝突への対応を強化するとともにボディ剛性をアップさせた。また、MT車にはクラッチを踏まないとエンジンが始動しないMTインターロックを採用した。

貴島主査の語る"RX-7の軽量化へのこだわり"
「パワーウエイトレシオ5kg/psの実現に加え、操縦安定性能を超一級とするため150kgもの軽量化を実現し、ボディ剛性をも強化したこと。」
　この開発活動をZERO作戦と名づけて徹底的に軽量化技術を追求した。

　活動を成功させるため、設計者の目標認識と実現へのモチベーション高揚のため、第2次世界大戦で活躍したゼロ戦の軽量化技術に学ぼうとその残骸を研究する機会を設けた。ヤップ島から持ち帰った機体を目の当たりにした設計者の中には、50年以上も前の技術者が武器とはいえ、徹底した軽量化を実現していることに身震いするものもいた。

　この場で学んだことは技術の本質は時代を超えて通ずるものがあるということだった。まさに"温故知新"である。

　今考えると、苦労するであろうと考えていた挑戦的な軽量化を、ゼロ戦開発の精神に助けられた想いである。

安全性のポイント
　コンパクトなロータリーエンジンをフロントミッドシップに搭載することにより、クラッシュゾーンを大きくとれる。

「タイプRS」のフレーム。トランスミッションから後方の「パワープラントフレーム（PPF）」は、加速時に生じるデフの浮き上がりを抑えて、アクセル操作をダイレクトに路面に伝える

●ABS制御システム イメージシーン

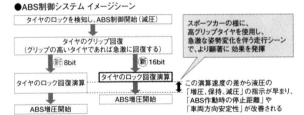

ABSの制御を緻密にすることで、制動距離の短縮や車両安定性の向上に加えて、リニアなブレーキフィールを実現させた。また、前後の制動力配分を最適化するEBDを追加することで、高G領域で後輪のロック限界までリアブレーキ力をフルに効かせて制動距離を短縮させた

●EBDシステム イメージシーン

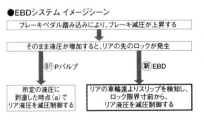

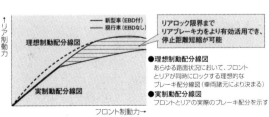

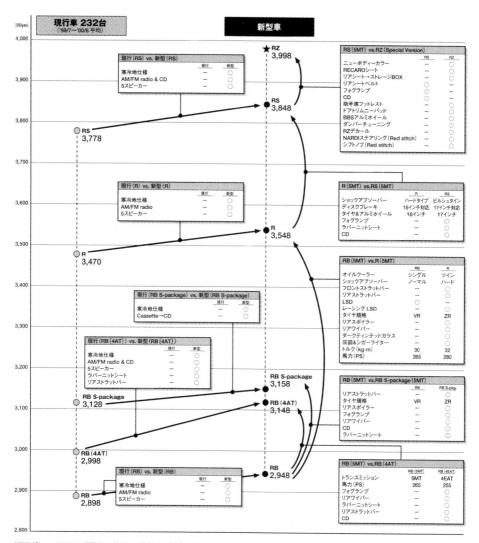

現行車 232台 ('99/7〜'00/6 平均)　新型車

現行(RS) vs. 新型(RS)

	現行	新型
寒冷地仕様	—	○
AM/FM radio & CD	—	○
5スピーカー	—	○

RS (5MT) vs.RZ (Special Version)

	RS	RZ
ニューボディーカラー	—	○
RECAROシート	—	○
リアシート→ストレージBOX	—	○
リアシートベルト	○	—
フォグランプ	○	—
CD	○	—
助手席フットレスト	○	—
ドアトリムニーパッド	○	—
BBSアルミホイール	○	—
ダンパーチューニング	—	○
RZデカール	—	○
NARDIステアリング (Red stitch)	—	○
シフトノブ (Red stitch)	—	○

現行(R) vs. 新型(R)

	現行	新型
寒冷地仕様	—	○
AM/FM radio	—	○
5スピーカー	—	○

R (5MT) vs.RS (5MT)

	R	RS
ショックアブソーバー	ハードタイプ	ビルシュタイン
ディスクブレーキ	16インチ対応	17インチ対応
タイヤ&アルミホイール	16インチ	17インチ
フォグランプ	—	○
ラバーニットシート	—	○
CD	—	○

RB (5MT) vs.R (5MT)

	RB	R
オイルクーラー	シングル	ツイン
ショックアブソーバー	ノーマル	ハード
フロントストラットバー	—	○
リアストラットバー	—	○
LSD	○	○
レーシング LSD	—	○
タイヤ規格	VR	ZR
リアスポイラー	—	○
リアワイパー	—	○
ダークティンテッドガラス	—	○
灰皿&シガーライター	—	○
トルク (kg-m)	30	32
馬力 (PS)	265	280

現行(RB S-package) vs. 新型(RB S-package)

	現行	新型
寒冷地仕様	—	○
Cassette→CD	—	○

現行(RB [4AT]) vs. 新型(RB [4AT])

	現行	新型
寒冷地仕様	—	○
AM/FM radio & CD	—	○
5スピーカー	—	○
ラバーニットシート	—	○
リアストラットバー	—	○

RB (5MT) vs.RB S-package (5MT)

	RB	RB S-pkg.
リアストラットバー	—	○
タイヤ規格	VR	ZR
リアスポイラー	—	○
フォグランプ	—	○
リアワイパー	—	○
CD	—	○
ラバーニットシート	—	○

現行(RB) vs. 新型(RB)

	現行	新型
寒冷地仕様	—	○
AM/FM radio	—	○
5スピーカー	—	○

RB (5MT) vs.RB (4AT)

	RB [5MT]	RB [4EAT]
トランスミッション	5MT	4EAT
馬力 (PS)	265	255
フォグランプ	—	○
リアワイパー	—	○
ラバーニットシート	—	○
リアストラットバー	—	○
CD	—	○

★ RZ 3,998
RS 3,848 / RS 3,778
R 3,548 / R 3,470
RB S-package 3,158 / RB S-package 3,128
RB (4AT) 3,148 / RB (4AT) 2,998
RB 2,948 / RB 2,898

新旧グレードおよび価格の比較。現行車（左）が5型、新型車（右）が6型

第3章の構成について

　第3章のマイナーチェンジモデル技術解説を構成するにあたり、当時の広報資料と合わせて販売店向け資料も使用した。販売店向け資料には詳細な技術解説が掲載されており、顧客への説明用として内容も分かりやすく整理されている。さらに6型の販売店向け資料には当時の主査であった貴島氏によるコメントが多数掲載されている。これらはカタログなどでは知ることができない貴重な資料であることから、あえて原著からの転載として資料性を高めた。

Type**RZ**

EQUIPMENT

Body Color:
スノーホワイトパールマイカ

Type**RS**

EQUIPMENT

Body Color:
ヴィンテージレッド
（メーカーオプション装着車）

Type**R**

EQUIPMENT

Body Color:
サンライトシルバーメタリック

RX-7（FD）6型と同時に登場した限定車の「タイプRZ」、標準モデルで唯一ビルシュタインダンパーを装備した「タイプRS」、280ps
エンジンの最軽量グレード「タイプR」、いずれも走行性能を重視したグレードである

Type RB S-Package

Body Color:
イノセントブルーマイカ

EQUIPMENT

Type RB

Body Color:
ピュアホワイト

EQUIPMENT

Type RB [4AT]

Body Color:
ブリリアントブラック

EQUIPMENT

BODY COLOR & SEAT TEXTURESS

BODY COLORS	スノーホワイトパールマイカ	イノセントブルーマイカ	ヴィンテージレッド	ピュアホワイト	サンライトシルバーメタリック	ブリリアントブラック
Type	RZ	RS	R	RB S-Package	RB	RB [4AT]
SEAT TEXTURES	RECAROシート	ラバーニット	ファブリック	ラバ・ニット	ファブリック	ラバーニット

ATも選択できるベースグレードの「タイプRB」。「Sパッケージ」は「タイプRB」（MT車）をベースにメーカーセットオプションを装着したモデル

■主要諸元

■車名・型式	ボディタイプ		2ドア・クーペ				
	車名・型式		マツダ・GF-FD3S				
	機種名		Type RZ	Type RS	Type R	Type RB	Type RB [4AT]
	エンジン		13B-REW				
	変速機形式・変速段数		5速マニュアル				4速オートマチック
	駆動方式		FR				
■寸法・重量・定員	全長	mm	4,285				
	全幅	mm	1,760				
	全高	mm	1,230				
	室内長	mm	1,415				
	室内幅	mm	1,425				
	室内高	mm	1,025				
	ホイールベース	mm	2,425				
	トレッド・前／後	mm	1,460／1,460				
	最低地上高	mm	135				
	車両重量	kg	1,270	1,280	1,260	1,240	1,280
	乗車定員	名	2		4		
■性能・燃費	最小回転半径	m	5.1				
	10・15モード燃費（運輸省審査値）※1	km/ℓ	7.2		8.1		7.7
■ステアリング	ステアリング形式／倍力装置形式		ラック＆ピニオン式／インテグラル式パワーステアリング				
■サスペンション	懸架方式・前・後		ダブルウィッシュボーン式／ダブルウィッシュボーン式				
	ショックアブソーバー・前／後		筒型複動式／筒型複動式				
	ダンパー　タイプ		ビルシュタイン		大径ハード		スタンダード
	構造形式		ガス加圧式モノチューブ			ガス加圧式ツインチューブ	
	外筒内径／ピストン径　mm		φ46.0／46.0			φ41.8／30.0	
	コイルスプリング		スタンダード				
	スタビライザー　フロント　mm		トーションバー式／φ28.6×t4.0				
	リア　mm		トーションバー式／φ15.9×t1.8			トーションバー式／φ13.8×t2.3	
	フロントアッパーアームブッシュ（ボディ側・前後）		ピローボールブッシュ				
	フロントロアアームブッシュ（ボディ側・前後）		スライディングブッシュ			ノーマル	
	フロントロアアームブッシュ（ボディ側・前後）		液体封入式				
	フロントダンパーボトムブッシュ		ノーマル		スライディングブッシュ	ノーマル	
	リアアッパーアームブッシュ（ボディ側・前後）		スライディングブッシュ			ノーマル	
	リアアッパーアームブッシュ		アクスル側：ピローボール		ダンパー部：スライディングブッシュ		
	リアロアアームブッシュ		ボディ側：ピローボールブッシュ		アクスル側：ピローボール	トレーリングリンク取付部：ピローボール	
	リアトレーリングリンクブッシュ（ボディ側）		ノーマル				
■ブレーキ	主ブレーキ形式（前後）／ブレーキ倍力装置		ベンチレーテッドディスク／8インチ＋9インチ径タンデム真空倍力式				
■タイヤ＆ホイール	タイヤ・前		235/45ZR17		225/50ZR16	225/50R16 92V	
	タイヤ・後		255/40ZR17		225/50ZR16	225/50R16 92V	
	ホイール・前／後		17×8JJ／17×8　1/2JJ			16×8JJ／16×8JJ	
■エンジン	型式		13B-REW型				
	種類		水冷直列2ローター＋空冷式インタークーラー付シーケンシャルツインターボ				
	総排気量	cc	654×2				
	圧縮比		9.0				
	最高出力（ネット）※2	kW/rpm	206/6,500（280PS/6,500rpm）			195/6,500（265PS/6,500rpm）	188/6,500（255PS/6,500rpm）
	最大トルク（ネット）※2	N・m/rpm	314/5,000（32.0kg-m/5,000rpm）			294/5,000（30.0kg-m/5,000rpm）	294/5,000（30.0kg-m/5,000rpm）
	燃料供給装置		電子制御燃料噴射装置（EGI-HS）				
	燃料及び燃料タンク容量	ℓ	無鉛プレミアムガソリン・76 ※3				
■変速機	トランスミッション形式		5速マニュアル				電子制御4速オートマチック［EC-AT］
	クラッチ形式		乾式単板ダイヤフラム式				3要素1段2相当［ロックアップ機構付］
	変速比　第1速		3.483				3.027
	第2速		2.015				1.619
	第3速		1.391				1.000
	第4速		1.000				0.694
	第5速		0.762		0.806		―
	後退		3.288				2.272
	最終減速比		4.300		4.100		3.909

※1：燃料消費率は定められた試験条件での値です。実際の走行時にはこの条件（気象、道路、車両、運転、整備などの状況）が異なってきますので、それに応じて燃料消費率も異なります。
※2：ネット値。「ネット」とはエンジンを車両に搭載した状態とほぼ同条件で測定したものです。
　　同じエンジンで測定した場合、「ネット」は「グロス」よりもガソリン車で約15%程度低い値（自工会調べ）となっています。（ ）内は旧単位での参考値です。
　　エンジン出力表示は「PS/rpm」から「kW/rpm」から「N・m/rpm」、トルク表示は「kg-m/rpm」から「N・m/rpm」へ切り替えました。
　　【参考】1PS＝0.7355kW、1kg-m＝9.80665N・m（カタログ数値は、小数第1位四捨五入で表示）。
※3：無鉛プレミアムガソリン適合。なお、レギュラーガソリンを使用した際にも自動対応するシステムを装備しており、エンジンの信頼性には問題ありません。但し、若干出力が低下します。

■道路運送車両法による型式指定申請審査値
◆付属品：スペアタイヤ（応急用）、タイヤ交換用工具
◆写真は撮影・印刷条件により、実物と印象が相違する場合があります。また、ボディカラー及び内装色が実車と違って見える場合があります。
◆本仕様・装備は予告なく変更する場合があります。

■製造事業者：マツダ株式会社

参考資料
「アンフィニRX-7」セールスマニュアル　1993年8月　マツダ株式会社
「マツダRX-7」広報資料　1998年12月　マツダ株式会社
「マツダRX-7」セールスマニュアル　2000年10月　マツダ株式会社

第4章

RX-7（FD）特別仕様車
歴代11車種の解説

RX-7

RX-7（FD）には、約11年間のモデルライフを通して計11車種の特別仕様車が登場し、そのうち9車種は台数限定車だった。

この章では、各モデルの装備などの内容とスペック（一部車種はベースとなったモデルのスペック）を紹介する。

発売日	モデル名	
1992年10月1日	アンフィニRX-7	タイプRZ（1stバージョン）
1993年10月1日	アンフィニRX-7	タイプRZ（2ndバージョン）
1994年9月1日	アンフィニRX-7	タイプR-Ⅱバサースト
1995年2月10日	アンフィニRX-7	タイプRバサースト
1995年7月1日	アンフィニRX-7	タイプRバサーストX
1997年1月3日	アンフィニRX-7	タイプRBバサーストX
1997年10月14日	マツダRX-7	タイプRS-R
2000年10月18日	マツダRX-7	タイプRZ
2001年8月30日	マツダRX-7	タイプRバサーストR
2001年12月10日	マツダRX-7	タイプRバサースト
2002年4月22日	マツダRX-7	スピリットRシリーズ

アンフィニ RX-7
タイプRZ（1stバージョン）

発表：1992年 8 月20日
発売：1992年10月 1 日
価格：405万円（消費税別）
台数：300台限定

［モデル概要］

　「タイプR」をベースに 2 シーター化するとともに、走行性能を引き上げたモデル。ダンパーのピストン径を30mmから36mmに、ロッド径を12.5mmから14mmに、シリンダー径を30mmから36mmに、外筒径を45mmから50mmにそれぞれ大径化することで、安定したロール感とともに路面追従性を向上させた。タイヤはピレリ社との共同開発による専用のピレリ P-ZERO を採用、汎用型 P-ZEROに対して 1 本あたり1.3kg軽量化し、高い剛性感と優れた操縦性も実現した。エアコンやオーディオをオプションとし、レカロ社製フルバケットシートを採用して前席合計で8.5kgの軽量化を行なうなどにより、「タイプR」から30kgの減量を果たし、さらに最終減速比を4.300に変更して加速性能を向上させた。また、ドライバーの姿勢を保持するためのニーパッドを、ドア側にも追加し、助手席にはアルミ製のフットレストボードを装備した。

　ボディカラーはブリリアントブラックのみだった。

車名	アンフィニ RX-7 タイプRZ
全長×全幅×全高（mm）	4295×1760×1230
室内長×室内幅×室内高（mm）	860×1425×1025
ホイールベース（mm）	2425
トレッド・前／後（mm）	1460／1460
最低地上高（mm）	135
車両重量（kg）	1230
乗車定員（名）	2
最小回転半径（m）	5.1
10モード燃費（運輸省審査値）（km/ℓ）	7.0
60km/h定地燃費（運輸省届出値）（km/ℓ）	14.6
エンジン型式・種類	13B-REW型　水冷直列 2 ローター
総排気量（cc）	654×2
圧縮比	9.0
最高出力（PS/rpm）	255/6500（ネット）
最大トルク（kg-m/rpm）	30.0/5000（ネット）
燃料供給装置	EGI-HS
燃料及びタンク容量（ℓ）	無鉛プレミアムガソリン・76
変速機形式	マニュアル・ 5 段
クラッチ形式	乾燥単板ダイヤフラム式
変速比　第 1 速	3.483
第 2 速	2.015
第 3 速	1.391
第 4 速	1.000
第 5 速	0.762
後退	3.288
最終減速比	4.300
ステアリング形式	ラック＆ピニオン式
サスペンション形式（前後）	ダブルウィッシュボーン式
主ブレーキ形式（前後）	ベンチレーティッドディスク
倍力装置	8 ＋ 8 インチ径タンデム真空倍力装置
タイヤ／ホイール　前	225/50ZR16／8JJ×16アルミホイール
後	225/50ZR16／8JJ×16アルミホイール

アンフィニRX-7 タイプRZ（2ndバージョン）

発表：1993年8月16日
発売：1993年10月1日
価格：435万円（消費税別）
台数：150台限定

［モデル概要］

　RX-7発売15周年記念特別限定車。1st（ファースト）バージョンと同様に、「タイプR」をベースに走行性能の向上を目的にした2シーターモデルで、タイヤは左右非対称パターンのブリヂストン社製エクスペディアS-07（「S-07」の名称はRX-7用の特別品であることを表すためブリヂストンが命名した）を採用、サイズは国産車初採用の17インチ超扁平タイプで、フロント235/45R17、リア255/40R17だった。アルミホイールは、フロント8.0JJ、リア8.5JJサイズのBBS社製RS-Ⅱ（ガンメタペイント）を採用した。ダンパーはビルシュタイン社製ガス封入式大型タイプに、トルセンLSDはレース用の素材を使用した強化タイプに変更された。これらの変更により、高速走行時の安定性能および旋回性能を高め、操縦性能を向上した。1stバージョンではオプションだったエアコンは標準装備となった（オーディオはオプション）。

　ボディカラーはブリリアントブラックのみだった。

車名	アンフィニRX-7 タイプRZ
全長×全幅×全高（mm）	4280×1760×1230
室内長×室内幅×室内高（mm）	860×1425×1025
ホイールベース（mm）	2425
トレッド・前／後（mm）	1460／1460
最低地上高（mm）	135
車両重量（kg）	1240
乗車定員（名）	2
最小回転半径（m）	5.1
10モード燃費（運輸省審査値）（km／ℓ）	7.0
60km/h定地燃費（運輸省届出値）（km／ℓ）	14.6
エンジン型式・種類	13B-REW型　水冷直列2ローター
総排気量（cc）	654×2
圧縮比	9.0
最高出力（PS/rpm）	255/6500（ネット）
最大トルク（kg-m/rpm）	30.0/5000（ネット）
燃料供給装置	EGI-HS
燃料及びタンク容量（ℓ）	無鉛プレミアムガソリン・76
変速機形式	マニュアル・5段
クラッチ形式	乾燥単板ダイヤフラム式
変速比　第1速	3.483
第2速	2.015
第3速	1.391
第4速	1.000
第5速	0.762
後退	3.288
最終減速比	4.300
ステアリング形式	ラック＆ピニオン式
サスペンション形式（前後）	ダブルウィッシュボーン式
主ブレーキ形式（前後）	ベンチレーティッドディスク
倍力装置	8＋8インチ径タンデム真空倍力装置
タイヤ／ホイール　前	235/45ZR17／8JJ×17アルミホイール
後	255/40ZR17／8.5JJ×17アルミホイール

アンフィニRX-7
タイプR-Ⅱバサースト

発表：1994年8月17日
発売：1994年9月1日
価格：299万8千円（消費税別）
台数：350台限定

[モデル概要]

　オーストラリアで行なわれているバサースト12時間耐久レースで、RX-7が1992年から3年連続で優勝したことを記念して発売された特別限定車。

　バサースト12時間耐久レースは、シドニー郊外のニューサウスウェールズ州バサースト市にあるマウントパノラマサーキットで行なわれるレースで、出場車両の改造範囲が厳しく制限されるため、車両自体の基本性能が勝敗に直結するレースとなっている。

　走行性に重点を置いた2シーターモデルの「タイプR-Ⅱ」をベースに、優勝ロゴステッカーを貼付し、ブルーペンガラスを採用した。「タイプR-Ⅱ」の価格は338万円（消費税別）だが、そこから大幅に値下げしたことで、FDで初めて300万円を切る記念価格となった。

車名	アンフィニRX-7 タイプR-Ⅱ バサースト　※ベースモデルの数値
全長×全幅×全高（mm）	4280×1760×1230
室内長×室内幅×室内高（mm）	850×1425×1025
ホイールベース（mm）	2425
トレッド・前／後（mm）	1460／1460
最低地上高（mm）	135
車両重量（kg）	1250
乗車定員（名）	2
最小回転半径（m）	5.1
10モード燃費（運輸省審査値）（km／ℓ）	7.3
60km/h定地燃費（運輸省届出値）（km／ℓ）	14.6
エンジン型式・種類	13B-REW型　水冷直列2ローター
総排気量（cc）	654×2
圧縮比	9.0
最高出力（PS/rpm）	255/6500（ネット）
最大トルク（kg-m/rpm）	30.0/5000（ネット）
燃料供給装置	EGI-HS
燃料及びタンク容量（ℓ）	無鉛プレミアムガソリン・76
変速機形式	マニュアル・5段
クラッチ形式	乾燥単板ダイヤフラム式
変速比　第1速	3.483
第2速	2.015
第3速	1.391
第4速	1.000
第5速	0.806
後退	3.288
最終減速比	4.100
ステアリング形式	ラック&ピニオン式
サスペンション形式（前後）	ダブルウィッシュボーン式
主ブレーキ形式（前後）	ベンチレーティッドディスク
倍力装置	8＋8インチ径タンデム真空倍力装置
タイヤ／ホイール　前	225/50R16 92V／8JJ×16アルミホイール
後	225/50R16 92V／8JJ×16アルミホイール

アンフィニRX-7
タイプRバサースト

発表：1995年2月10日
発売：1995年2月10日
価格：328万5千円（消費税別）
台数：限定なし

リアシートを持つ4シーターツーリングキャビン

[モデル概要]

　前年の「タイプR-Ⅱバサースト」と同様にバサースト12時間耐久レースにちなんだ特別仕様車で、このモデルは4シーターの「タイプR」をベースとした。

　スポイラー、アルミホイール、前後のストラットバーなどスポーツドライビングを楽しむための装備はそのままとしながら、オーディオレスにするなど一部の装備を見直して、価格を「タイプR」（1995年2月時点の価格は

消費税別で391万円）から見直した装備の分以上となる62万5千円（消費税別）引き下げることで、スポーツ志向の高いユーザーの期待に応えようとしたモデルだった。

　ボディカラーはブリリアントブラック、シルバーストーンメタリック、ヴィンテージレッド、シャストホワイトの4色が設定された。

車名	アンフィニRX-7 タイプRバサースト　※（）内のみベースモデルの数値
全長×全幅×全高（mm）	4280×1760×1230
室内長×室内幅×室内高（mm）	(1415×1425×1025)
ホイールベース（mm）	2425
トレッド・前／後（mm）	1460／1460
最低地上高（mm）	(135)
車両重量（kg）	1260
乗車定員（名）	4
最小回転半径（m）	5.1
10モード燃費（運輸省審査値）（km/ℓ）	7.3
60km/h定地燃費（運輸省届出値）（km/ℓ）	14.6
エンジン型式・種類	13B-REW型　水冷直列2ローター
総排気量（cc）	654×2
圧縮比	9.0
最高出力（PS/rpm）	255/6500（ネット）
最大トルク（kg-m/rpm）	30.0/5000（ネット）
燃料供給装置	EGI-HS
燃料及びタンク容量（ℓ）	無鉛プレミアムガソリン・76
変速機形式	マニュアル・5段
クラッチ形式	乾燥単板ダイヤフラム式
変速比　第1速	(3.483)
第2速	(2.015)
第3速	(1.391)
第4速	(1.000)
第5速	(0.806)
後退	(3.288)
最終減速比	(4.100)
ステアリング形式	ラック&ピニオン式
サスペンション形式（前後）	ダブルウィッシュボーン式
主ブレーキ形式（前後）	ベンチレーティッドディスク
倍力装置	8＋8インチ径タンデム真空倍力装置
タイヤ／ホイール　前	225/50R16 92V／8JJ×16アルミホイール
後	225/50R16 92V／8JJ×16アルミホイール

アンフィニRX-7
タイプRバサーストX

発表：1995年6月22日
発売：1995年7月1日
価格：335万円（消費税別）
台数：777台限定

[モデル概要]

1995年3月からカタログモデルとなっていた「タイプRバサースト」をベースにした特別限定車。

特別装備は、本革シート、MOMO社製本革巻きステアリングホイール、2本ステイリアウイング、ガンメタリック色のハイプレッシャーキャスティングアルミホイール、グレーペンガラス、限定車ステッカー（左右のピラーに設置）の6点で、価格はベースモデルから6万5千円（消費税別）の値上げに抑えている。

ボディカラーは3色で、それぞれにシートカラーとの組み合わせがあり、シャストホワイトとブリリアントブラックのシートカラーは赤（カーペットも赤）、ヴィンテージレッドのシートカラーは黒だった。

車名	アンフィニRX-7 タイプRバサーストX　※（）内のみベースモデルの数値
全長×全幅×全高（mm）	4280×1760×1230
室内長×室内幅×室内高（mm）	(1415×1425×1025)
ホイールベース（mm）	2425
トレッド・前／後（mm）	1460／1460
最低地上高（mm）	(135)
車両重量（kg）	1260
乗車定員（名）	2
最小回転半径（m）	5.1
10モード燃費（運輸省審査値）（km/ℓ）	7.3
60km/h定地燃費（運輸省届出値）（km/ℓ）	14.6
エンジン型式・種類	13B-REW型　水冷直列2ローター
総排気量（cc）	654×2
圧縮比	(9.0)
最高出力（PS/rpm）	255/6500（ネット）
最大トルク（kg-m/rpm）	30.0/5000（ネット）
燃料供給装置	EGI-HS
燃料及びタンク容量（ℓ）	無鉛プレミアムガソリン・76
変速機形式	マニュアル・5段
クラッチ形式	乾燥単板ダイヤフラム式
変速比　第1速	(3.483)
第2速	(2.015)
第3速	(1.391)
第4速	(1.000)
第5速	(0.806)
後退	(3.288)
最終減速比	(4.100)
ステアリング形式	ラック&ピニオン式
サスペンション形式（前後）	ダブルウィッシュボーン式
主ブレーキ形式（前後）	ベンチレーティッドディスク
倍力装置	8＋8インチ径タンデム真空倍力装置
タイヤ／ホイール　前	225/50R16 92V／8JJ×16アルミホイール
後	225/50R16 92V／8JJ×16アルミホイール

アンフィニRX-7
タイプRBバサーストX

発表：1996年12月20日
発売：1997年1月3日
価格：337万円（消費税別）
台数：700台限定

[モデル概要]

　当時のベーシックグレードである「タイプRB」をベースにした特別限定車。このモデルの特徴は赤の本革シートを採用したこと。さらに、フロントスポイラー、プロジェクターハロゲンフォグランプ、フローティングリアウイング、リアワイパー、専用デカールを装備し、上級機種に近い装備内容としながら価格の上昇を抑えた（「タイプRB」は消費税別で324万円、上級機種の「タイプRB

バサースト」は同じく344万円）。

　また、運転席SRSエアバッグシステムを内蔵したMOMO社製本革巻ステアリングホイールを全車に標準装備したことが同時に発表されており、このモデルにも同様に装備された。

　ボディカラーは、ブリリアントブラックとシャストホワイトの2色が設定された。

車名	アンフィニRX-7 タイプRBバサーストX　※ベースモデルの数値
全長×全幅×全高（mm）	4280×1760×1230
室内長×室内幅×室内高（mm）	1415×1425×1025
ホイールベース（mm）	2425
トレッド・前／後（mm）	1460／1460
最低地上高（mm）	135
車両重量（kg）	1260
乗車定員（名）	4
最小回転半径（m）	5.1
10・15モード燃費（運輸省審査値）（km/ℓ）	8.1
60km/h定地燃費（運輸省届出値）（km/ℓ）	14.6
エンジン型式・種類	13B-REW型　水冷直列2ローター
総排気量（cc）	654×2
圧縮比	9.0
最高出力（PS/rpm）	265/6500（ネット）
最大トルク（kg-m/rpm）	30.0/5000（ネット）
燃料供給装置	EGI-HS
燃料及びタンク容量（ℓ）	無鉛プレミアムガソリン・76
変速機形式	マニュアル・5段
クラッチ形式	乾燥単板ダイヤフラム式
変速比　第1速	3.483
第2速	2.015
第3速	1.391
第4速	1.000
第5速	0.806
後退	3.288
最終減速比	4.100
ステアリング形式	ラック＆ピニオン式
サスペンション形式（前後）	ダブルウィッシュボーン式
主ブレーキ形式（前後）	ベンチレーティッドディスク
倍力装置	8＋7インチ径タンデム真空倍力装置
タイヤ／ホイール　前	225/50R16 92V／8JJ×16アルミホイール
後	225/50R16 92V／8JJ×16アルミホイール

マツダRX-7 タイプRS-R

発表：1997年10月14日
発売：1997年10月14日
価格：362万5千円（消費税別）
台数：500台限定

[モデル概要]

「タイプRS」をベースに「タイプRZ」の専用装備を追加したロータリーエンジン発売30周年記念特別限定車。

ビルシュタイン社製ダンパーとブリヂストン社製エクスペディアS-07左右非対称パターンタイヤを採用し（サイズはフロント235/45R17、リア255/40R17）、アルミホイールはガンメタリック塗装の専用タイプとした。インテリアでは、＿＿パッドをコンソール側に加えてドア側にも装備し、助手席にはアルミ製フットレストボードも装備した。各メーターの外枠にはクロームメッキのリングを装備し、スピードメーターとタコメーターは、短い指針の専用デザインとなった。シート表皮はラックススエードからファブリックに変更された。「タイプRS」で標準装備のプロジェクターハロゲンフォグランプとオーディオシステムはオプションとした。

ボディカラーは、ブリリアントブラックに加え、専用色のサンバーストイエローの2色が設定された。

車名	マツダRX-7 タイプRS-R　※ベースモデルの数値
全長×全幅×全高（mm）	4280×1760×1230
室内長×室内幅×室内高（mm）	1415×1425×1025
ホイールベース（mm）	2425
トレッド・前／後（mm）	1460／1460
最低地上高（mm）	135
車両重量（kg）	1280
乗車定員（名）	4
最小回転半径（m）	5.1
10・15モード燃費（運輸省審査値）（km/ℓ）	7.2
60km/h定地燃費（運輸省届出値）（km/ℓ）	14.6
エンジン型式・種類	13B-REW型　水冷直列2ローター
総排気量（cc）	654×2
圧縮比	9.0
最高出力（PS/rpm）	265/6500（ネット）
最大トルク（kg-m/rpm）	30.0/5000（ネット）
燃料供給装置	EGI-HS
燃料及びタンク容量（ℓ）	無鉛プレミアムガソリン・76
変速機形式	マニュアル・5段
クラッチ形式	乾燥単板ダイヤフラム式
変速比　第1速	3.483
第2速	2.015
第3速	1.391
第4速	1.000
第5速	0.762
後退	3.288
最終減速比	4.300
ステアリング形式	ラック＆ピニオン式
サスペンション形式（前後）	ダブルウィッシュボーン式
主ブレーキ形式（前後）	ベンチレーティッドディスク
倍力装置	8＋7インチ径タンデム真空倍力装置
タイヤ／ホイール　前	235/45ZR17／8JJ×17アルミホイール
後	255/40ZR17／8.5JJ×17アルミホイール

マツダRX-7
タイプRZ

発表：2000年10月18日
発売：2000年10月18日
価格：399万8千円（消費税別）
台数：175台限定

[モデル概要]

　1999年1月のマイナーチェンジの際に廃止された「タイプRZ」が約2年ぶりに特別限定車として復活した。これまでの「タイプRZ」と同様に2シーター仕様で、レカロ社製フルバケットシート、BBS社製アルミホイール、ビルシュタイン社製ダンパーなどが装備されているが、ステアリングホイールは1999年1月のマイナーチェンジの際に全車に採用されたナルディ社製となっている。また、ステアリングホイール、シフトノブ、シフトブーツ、パーキングレバーブーツには専用の赤色ステッチが施されている。「タイプRS」から約10kg軽量化されたことで、パワーウエイトレシオは4.54kg/psとなった。

　ボディカラーは、専用色のスノーホワイトパールマイカを採用した。

　これまでは、2シーターモデルの室内長は4シーターモデルより短く表記されていたが、このモデル以降、カタログ表記での室内長は全車共通となった。

車名	マツダRX-7 タイプRZ
全長×全幅×全高（mm）	4285×1760×1230
室内長×室内幅×室内高（mm）	1415×1425×1025
ホイールベース（mm）	2425
トレッド・前／後（mm）	1460／1460
最低地上高（mm）	135
車両重量（kg）	1270
乗車定員（名）	2
最小回転半径（m）	5.1
10・15モード燃費（運輸省審査値）（km/ℓ）	7.5
60km/h定地燃費（運輸省届出値）（km/ℓ）	−
エンジン型式・種類	13B-REW型　水冷直列2ローター
総排気量（cc）	654×2
圧縮比	9.0
最高出力（PS/rpm）	280（206kW）/6500（ネット）
最大トルク（kg-m/rpm）	32.0（314N・m）/5000（ネット）
燃料供給装置	EGI-HS
燃料及びタンク容量（ℓ）	無鉛プレミアムガソリン・76
変速機形式	マニュアル・5段
クラッチ形式	乾燥単板ダイヤフラム式
変速比　第1速	3.483
第2速	2.015
第3速	1.391
第4速	1.000
第5速	0.762
後退	3.288
最終減速比	4.300
ステアリング形式	ラック＆ピニオン式
サスペンション形式（前後）	ダブルウィッシュボーン式
主ブレーキ形式（前後）	ベンチレーティッドディスク
倍力装置	8＋7インチ径タンデム真空倍力装置
タイヤ／ホイール　前	235/45ZR17／8JJ×17アルミホイール
後	255/40ZR17／8.5JJ×17アルミホイール

マツダRX-7
タイプRバサーストR

発表：2001年8月30日
発売：2001年8月30日
価格：339万8千円（消費税別）
台数：500台限定

[モデル概要]

　これまでも特別仕様車やカタログモデルのグレード名としてたびたび登場した「バサースト」だが、このモデルは最高出力が280psとなってから初の「バサースト」となった。

　シリーズ最小のパワーウエイトレシオ（4.50kg/ps）である最軽量の「タイプR」をベースに専用の車高調整式ダンパーを採用した。車高調整は、ユーザーの希望により販売店で実施される（別途工賃が必要）。エクステリア

では「Bathurst R」の専用デカールを装備、インテリアではセンターパネル、センターコンソール、メーターパネルなどにカーボン調パネルを、シフトノブ、パーキングブレーキレバーの材質をカーボン製とした。

　ボディカラーは、「タイプRS-R」で専用色としていたサンバーストイエローを採用、さらにイノセントブルーマイカとピュアホワイトも設定された。

車名	マツダRX-7 タイプRバサーストR　※ベースモデルの数値
全長×全幅×全高（mm）	4285×1760×1230
室内長×室内幅×室内高（mm）	1415×1425×1025
ホイールベース（mm）	2425
トレッド・前／後（mm）	1460／1460
最低地上高（mm）	135
車両重量（kg）	1260
乗車定員（名）	4
最小回転半径（m）	5.1
10・15モード燃費（運輸省審査値）（km/ℓ）	8.1
60km/h定地燃費（運輸省届出値）（km/ℓ）	—
エンジン型式・種類	13B-REW型　水冷直列2ローター
総排気量（cc）	654×2
圧縮比	9.0
最高出力（PS/rpm）	280（206kW）/6500（ネット）
最大トルク（kg-m/rpm）	32.0（314N・m）/5000（ネット）
燃料供給装置	EGI-HS
燃料及びタンク容量（ℓ）	無鉛プレミアムガソリン・76
変速機形式	マニュアル・5段
クラッチ形式	乾燥単板ダイヤフラム式
変速比　第1速	3.483
第2速	2.015
第3速	1.391
第4速	1.000
第5速	0.806
後退	3.288
最終減速比	4.100
ステアリング形式	ラック＆ピニオン式
サスペンション形式（前後）	ダブルウィッシュボーン式
主ブレーキ形式（前後）	ベンチレーティッドディスク
倍力装置	8＋7インチ径タンデム真空倍力装置
タイヤ／ホイール　前	225/50ZR16／8JJ×16アルミホイール
後	225/50ZR16／8JJ×16アルミホイール

マツダRX-7
タイプRバサースト

発表：2001年12月10日
発売：2001年12月10日
価格：339万8千円（消費税別）
台数：限定なし

[モデル概要]

2001年8月に発売された「タイプRバサーストR」と同様に、最軽量モデルの「タイプR」をベースに車高調整式ダンパーを装着し、さらに特別装備としてフォグランプを採用した。

追加装備がありながら、価格は「タイプRバサーストR」と同じだった。

ボディカラーは、ブリリアントブラック、ヴィンテージレッド、イノセントブルーマイカ、ピュアホワイト、サンライトシルバーメタリックの5色が設定された。

限定台数は設定されず、スピリットRと同様に最後まで販売されたモデルである。

車名	マツダRX-7タイプRバサースト
全長×全幅×全高（mm）	4285×1760×1230
室内長×室内幅×室内高（mm）	1415×1425×1025
ホイールベース（mm）	2425
トレッド・前／後（mm）	1460／1460
最低地上高（mm）	135
車両重量（kg）	1260
乗車定員（名）	4
最小回転半径（m）	5.1
10・15モード燃費（運輸省審査値）（km/ℓ）	8.1
60km/h定地燃費（運輸省届出値）（km/ℓ）	—
エンジン型式・種類	13B-REW型 水冷直列2ローター
総排気量（cc）	654×2
圧縮比	9.0
最高出力（PS/rpm）	280（206kW）/6500（ネット）
最大トルク（kg-m/rpm）	32.0（314N・m）/5000（ネット）
燃料供給装置	EGI-HS
燃料及びタンク容量（ℓ）	無鉛プレミアムガソリン・76
変速機形式	マニュアル・5段
クラッチ形式	乾燥単板ダイヤフラム式
変速比　第1速	3.483
第2速	2.015
第3速	1.391
第4速	1.000
第5速	0.806
後退	3.288
最終減速比	4.100
ステアリング形式	ラック＆ピニオン式
サスペンション形式（前後）	ダブルウィッシュボーン式
主ブレーキ形式（前後）	ベンチレーティッドディスク
倍力装置	8＋7インチ径タンデム真空倍力装置
タイヤ／ホイール　前	225/50ZR16／8JJ×16アルミホイール
後	225/50ZR16／8JJ×16アルミホイール

マツダRX-7 スピリットRシリーズ

発表：2002年3月25日
発売：2002年4月22日
価格：タイプA、B：399万8千円
　　　タイプC：339万8千円（全て消費税別）
台数：シリーズ全体で1500台限定

[モデル概要]

　2002年8月に生産終了となることが決まったFD。この「スピリットR」シリーズは最後の限定車となった。

　「スピリットR」シリーズでは、2シーターMTの「タイプA」、4シーターMTの「タイプB」、4シーターATの「タイプC」の3タイプが用意された。「タイプC」は、FDの特別仕様車の中で唯一のATモデルだった。

　シリーズ共通装備は、ソフト塗装インテリアパネル、レッドステッチ入りステアリングホイール＆シフトノブ、

レッド塗装ブレーキキャリパー＆フロントストラットタワーバー、BBS社製17インチアルミホイール（タイプAはガンメタリック、タイプBとタイプCはシルバー）、「スピリットR」専用オーナメント＆メーターで、タイプAとタイプBには、ドリルド（穴あき）タイプ大径4輪ベンチレーティッドディスクブレーキ、高剛性ステンレスメッシュブレーキホース、ビルシュタイン社製専用ダンパーが装備された。シートはタイプAにレカロ社製専用

車名	マツダRX-7スピリットR　タイプA	マツダRX-7スピリットR　タイプB	マツダRX-7スピリットR　タイプC
変速機形式	マニュアル・5段	マニュアル・5段	EC-AT・4段
全長×全幅×全高（mm）	4285×1760×1230		
室内長×室内幅×室内高（mm）	1415×1425×1025		
ホイールベース（mm）	2425		
トレッド・前／後（mm）	1460／1460		
最低地上高（mm）	135		
車両重量（kg）	1270	1280	
乗車定員（名）	2	4	
最小回転半径（m）	5.1		
10・15モード燃費（運輸省審査値）（km／ℓ）	7.2		7.7
60km/h定地燃費（運輸省届出値）（km／ℓ）	—		
エンジン型式・種類	13B-REW型　水冷直列2ローター		
総排気量（cc）	654×2		
圧縮比	9.0		
最高出力（PS/rpm）	280（206kW）/6500（ネット）		255（188kW）/6500（ネット）
最大トルク（kg-m/rpm）	32.0（314N・m）/5000（ネット）		30.0（294N・m）/5000（ネット）
燃料供給装置	EGI-HS		
燃料及びタンク容量（l）	無鉛プレミアムガソリン・76		
変速機形式	マニュアル・5段		EC-AT・4段
クラッチ形式	乾燥単板ダイヤフラム式		3要素1段相形（ロックアップ機構付
変速比　第1速	3.483		3.027
第2速	2.015		1.619
第3速	1.391		1.000
第4速	1.000		0.694
第5速	0.762		—
後退	3.288		2.272
最終減速比	4.300		3.909
ステアリング形式	ラック＆ピニオン式		
サスペンション形式（前後）	ダブルウィッシュボーン式		
主ブレーキ形式（前後）	ベンチレーティッドディスク		
倍力装置	8＋7インチ径タンデム真空倍力装置		
タイヤ／ホイール　前	235/45ZR17/8JJ×17アルミホイール		
後	255/40ZR17/8.5JJ×17アルミホイール		

レッドフルバケットシート、タイプBとタイプCには本革レッドバケットシートが装備された。

　ボディカラーは、「スピリットR」シリーズ専用色としてチタニウムグレーメタリックを採用、全車共通色としてブリリアントブラック、ヴィンテージレッド、イノセントブルーマイカ、ピュアホワイトが設定されたが、「タイプRバサースト」で選択できたサンライトシルバーメタリックは設定されなかった。

　「スピリットR」シリーズ販売に伴い既存のグレードは大幅に整理され、「タイプRバサースト」を残してすべて廃止された。

SPIRIT R Type A [5MT]

赤いレカロ、ガンメタリックのBBS17インチアルミホイールなどを装備した、スピリットRシリーズの2シーター・トップモデル。

EQUIPMENT ●スピリットRシリーズ Type A専用装備
●大径4輪ベンチレーテッドディスクブレーキ（ドリルドタイプ）●レッド塗装ブレーキキャリパー（フロントはピストン背圧タイプ）●高剛性ステンレスメッシュブルーホース●BBS社製17インチ鍛造アルミホイール（ガンメタリック）●レッド塗装フロントストラットバー●レカロ社製軽量フルバケットシート（レッド）●NARDI社製本革巻ステアリング（レッドステッチ付）●本革製シフトノブ＆シフトブーツ（レッドステッチ付）●本革パーキングブレーキレバー（レッドステッチ付）●専用メーター●専用キー●スピリットRシリーズ専用ボディカラー：チタニウムグレーメタリック

メーカー希望価格 **399.8万円**

SPIRIT R Type B [5MT]

赤い本革バケットシート、シルバーのBBS17インチアルミホイール、Type A共通のドリルドディスク＆レッドキャリパーなどを装備。

メーカー希望価格 **399.8万円**

EQUIPMENT ●スピリットRシリーズ Type B専用装備
●大径4輪ベンチレーテッドディスクブレーキ（ドリルドタイプ）●高剛性ステンレスメッシュブルーホース●BBS社製17インチ鍛造アルミホイール（シルバー）●レッド塗装フロントストラットバー●レッド塗装ブレーキキャリパー（フロントはピストン背圧タイプ）●本革製バケットシート（レッド）●NARDI社製本革巻ステアリング（レッドステッチ付）●本革製シフトノブ＆シフトブーツ（レッドステッチ付）●本革パーキングブレーキレバー（レッドステッチ付）●専用メーター●専用キー●スピリットRシリーズ専用ボディカラー：チタニウムグレーメタリック

SPIRIT R Type C [4AT]

赤い本革バケットシート、レッドブレーキキャリパーなど、マツダのスポーツDNAが際立つ個性を、電子制御4ATで楽しむRX-7。

メーカー希望価格 **339.8万円**

EQUIPMENT ●スピリットRシリーズ Type C専用装備
●レッド塗装ブレーキキャリパー●BBS社製17インチ鍛造アルミホイール（シルバー）●レッド塗装フロントストラットバー●本革製バケットシート（レッド）●NARDI社製本革巻ステアリング（レッドステッチ付）●本革パーキングブレーキレバー（レッドステッチ付）●専用メーター●専用キー●スピリットRシリーズ専用ボディカラー：チタニウムグレーメタリック

第5章

RX-7（FD）の育成
さらなる進化を求めて

貴島孝雄

1967年東洋工業（現：マツダ）に入社。商用車ではタイタン、乗用車ではファミリア・RX-7（SA22C、FC3S、FD3Sタスクフォースチームリーダー）・ロードスター（NA、NB、NC）のサスペンション設計開発等に従事。並行して、モータースポーツ車両の操縦安定性能開発を担当。1991年ル・マン24時間レースにて日本車初の総合優勝を果たしたマツダ787Bのシャシー開発に関与。1992年からRX-7（FD3S）の主査に就任、またロードスター（NA、NB）の開発及びNCの主査を歴任、NCは2005年日本カー・オブ・ザ・イヤーを受賞。2010年から山口東京理科大学 機械工学科教授。貴島研究室にものづくり工房を設け、全日本学生フォーミュラ活動を指導。技術開発マネジメント、"感性"重視のものづくり等の講演多数。

歴代のRX-7に加えて初代から3代目までのロードスターの開発にも関わり、マツダのスポーツカーを語るうえで欠かすことができないエンジニア、貴島孝雄氏。しかし、若手時代に手掛けたのはスポーツカーでも乗用車でもなく、学生時代から好きだったトラックだった。

入社から若手時代

　私は1967年東洋工業（当時）に入社した。学生時代にトラックシャシーの模型を作成するなど入社前からトラックやバスが好きで、東洋工業がトラックを生産していたことから、とにかくトラックの設計をやりたいと思っていた。配属希望では他の同期の者たちが第一希望は通らないからと設計を第二希望としていたのに対して、私は駆け引きなど考えずに設計を第一希望とした。結果、第一希望に設計をあげたのは私のみだったそうだが、幸運にも希望通り設計部へ配属となり、その中の「第4シャシー設計

初代タイタン、本格キャブオーバー型トラックをEシリーズの後継として導入、頑強な閉断面フレームと高強度のリーフスプリング及び横剛性を高くする、他社にはない高強度な樹脂ワッシャを装着していた

キャロルは4人乗りの軽乗用車、360ccクラスながら4サイクル4気筒でリアエンジン後輪駆動、トーションラバースプリングの4輪独立懸架サスペンションを採用

初代ロードスター、4輪独立のダブルウィッシュボーンサスペンションを採用。当時のストラット型サスペンションよりも軽量に設計した

「係」のメンバーとして新技術の開発に取り組むことになった。そして数年後、商用車開発部門に所属となり初代タイタンのシャシー開発に携わった。

　私が入社後に初めて購入したのは軽自動車のキャロルだった。3年ほど乗ってから小型車のファミリアに乗り換えたが、未舗装路を運転した時に不安定な挙動が発生した。キャロルではそのようなことがなかったため、なぜそのようなことになるかを考え、先輩にも訪ねたが結局原因はわからなかった。ただ、両車で決定的に違うところがあり、キャロルのサスペンションは独立懸架であったのに対してファミリアは後輪が車軸懸架、つまり左右の車輪が車軸でつながっている仕組みだった。ファミリアはバンからスタートしてワゴン、セダンと発展していったため、商用車と乗用車で設計が共通化されていたのである。重い荷物を積んでも安定して走れるようにしている商用車向きの車軸懸架を乗用車にも使用したために、左右車輪が影響し合うことで不安定になるのではないかと考え、これをきっかけに左右車輪が影響し合うことが無い独立懸架を採用した操縦安定性の良い小型車をつくりたいと思うようになっていった。

初代RX-7（SA）から2代目RX-7（FC）にかけて

　初代RX-7（SA）の開発が本格的にスタート、開発組織の編成が行なわれた際に、商用車部門からもメンバーを異動させるという話が持ち上がった。しかし当時の上司だった伊藤高顕氏は、部署間の異動には同意せず、その代わりに商用車部門の中にスポーツカー開発の業務を取り入れる、というアイデアを実行した。そのおかげで私は、商用車部門にいながらスポーツカーの開発ができることになり、エンジニアとしての可能性が大幅に広がった。「二足のわらじを履くことになる」と言われ、特別な手当てもなかったが、このことには今でも感謝している。ちなみに、同様のことは初代ロードスターの時にもあり、私はその時も商用車部門にいながらロードスターのシャシー担当として、開発に関わることになる。

　SAはオイルショックにより、大幅に悪化したREのイメージを回復するために企画されたアメリカ市場向けをメインとしたプロジェクトで、開発にあた

RX-7（SA）は、早期市場導入のニーズから前輪は開発実績のあるストラット型、後輪はワットリンク付き4リンクサスペンションを採用

2代目RX-7（FC）は、SA型のモデルチェンジとして導入、当時アメリカ市場でスポーツカーとしての地位を確立すべく、徹底的な市場調査分析を行ない商品コンセプトを構築、ライバルのポルシェ924を凌ぐ性能を備えるべく、トーコントロール付き後輪サスペンションを採用

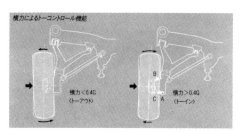

旋回横Gが0.4G以下では若干トーアウトとなり、それ以上のGではトーインにパッシブ制御を行なって回頭性と安定性の両立を図った

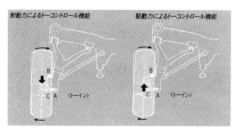

車両入力の制動力や駆動力など前後方向の力に対しては、車両挙動が安定化する後輪をトーイン方向に制御することを狙った

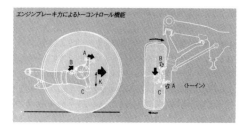

エンジンブレーキ力はトーコントロールハブの後方向きとなり、トーコントロールハブを回転させ、後輪をトーイン方向に向ける

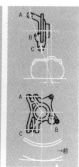

後輪トーコントロール機構の要であるリアサスペンショントーコントロールハブ、最先端のアルミ溶湯鍛造製で軽量な部品

っては緊急性が高かったうえ、「アフォーダブルスポーツカー（手頃に購入できるスポーツカー）」をコンセプトとしていたためコストの制約が大きく、リヤサスペンションに高価な独立懸架を採用することができなかった。SAのサスペンション形式は、当時のカペラで採用されていたものと同じだが、リヤアクスルが上下動をする時の左右変位を発生させないためにワットリンクというパーツを採用した。

　SAは発売当初から人気が高く、販売台数も予測を大きく上回ったが、性能や操縦安定性などへの不満も多く寄せられたため、1983年に発売したターボモデルでは、テールハッピー（コーナリング時にリヤが滑り出しやすくなる特性）との評価だったサスペ

ンションの改善に取り組んだ。

2代目RX-7（FC）のサスペンション

　FCではポルシェ924や944を凌ぐ操縦安定性を実現させるという目標を掲げ、4輪独立懸架を採用、開発の目標は、後輪のグリップ力をいかに確保するかだった。後輪駆動による後輪のスライドをいかに予知し、スライド量をコントロールするかが目標だった。リヤサスペンションにはセミトレーリングアーム式の独立懸架を採用、これにラテラルロッドと後輪のキャンバーコントロールを可能にするサブリンクを追加し、後輪に作用するパッシブ力を利用することで、電子制御による後輪操舵を採用することなく後輪のトーコントロールを実現した。これは4輪操舵感覚とCMでも訴求され、後に自動車技術会の「第36回技術開発賞」を受賞することとなった。

3代目RX-7（FD）の開発

　FDの開発では、超一級のスポーツカーを目指したため、マツダが開発できる最高の技術を注ぐとともに、私個人としてもサスペンション技術の集大成にしたかった。

　車両全体の運動性能目標の実現のためパワーウエイトレシオは5kg/psに設定、さまざまな軽量化技術を検討した。私たちは幸運にもゼロ戦の残骸を見ることができ、軽量化に対する究極の挑戦に感銘を受けるとともに、ふんだんに使われていたアルミ材料を見て、サスペンションのアームを全てアルミにすることに決めた。

　サスペンション形式は前後共にダブルウィッシュボーンと決めていたが、アルミで作ることにはマツダに十分な技術があり、問題はなかった。しかし、ダブルウィッシュボーンにより、数が多くなるサス

ペンションブッシュのフリクションをいかに少なくするかを課題ととらえた。私はそれまでにもレースやラリーのサスペンションを開発した経験から、フリクションの少ないピローボールを市販車に使いたいという思いをずっと持っていたが、「このチャンスを逃すと二度と採用のチャンスがないのでは」と考えて思い切って採用に踏み切った。FDのサスペンションは小早川隆治主査の強力なバックアップにより、スポーツカーとして理想形に近いコンセプトで量産開発に突入することができた。

FDのサスペンション

　サスペンションについての詳細は、技術解説のペ

FDのフロントサスペンションは、アルミ鍛造製のロアアームとアルミ溶湯鍛造製アッパーアームで構成された、ダブルウイッシュボーン形式である

FDのリアサスペンションは、アルミ溶湯鍛造製のアッパーアームとアルミ鍛造製のコントロールロッドで構成された、マルチリンク形式である

FDのサスペンションはばね下重量低減を狙い、コントロールロッド以外の構成部品をアルミ化することを具現化した

FDのサスペンションブッシュは、アームやリンクの軌跡を精度よくコントロールするため、ピローボールやすべりブッシュを内蔵している

ージがあるため、ここでは基本的な構成を説明する。

サスペンション形式は、前記したように前後ともダブルウィッシュボーンを採用した。その理由は、上下、前後、左右の様々な入力や変異に対して、後述するように最適なジオメトリーコントロールを行なうのに最も自由度が高く、さらに軽量、高剛性を実現できるためである。

フロントはL型ロアアーム、A型アッパーアーム、ダンパー、ピローボール式スタビライザーで構成される。リヤはピローボールを介して結合されたトレーリングリンクと、I型アームからなるロアアーム、Y型アッパーアーム、ダンパー、ボールジョイント

式スタビライザーおよびアッパー、ロアアームの中間前方に配置したトーコントロールリンクで構成される。

サスペンション及びリンクの支点に使用するブッシュに、すべりブッシュを採用することで、ブッシュのねじり角度にかかわらず、軸直角ばね定数を操縦安定性能に最適な値に設定することを可能にした。しかし、このブッシュはチルト方向の変位が必要なブッシュには適さないため、チルト方向への摺動を可能にしたピローボールブッシュを合わせて採用した。

ジオメトリーコントロール

走行中の様々な場面で、タイヤの性能を最大限に発揮させるためには、ジオメトリーコントロールが重要である。FDでは、特にキャンバーとトーを最適にコントロールすることに注力した。操縦安定性の向上を狙って225/50R16という扁平タイヤを採用したが、タイヤの接地面積を十分確保しつつ接地面圧を均等にするためには、キャンバーコントロールが一層重要となるため、ダブルウィッシュボーンのアッパーおよびロアアームを不等長として最適なバンプキャンバー変化を実現した。

225/50R16タイヤ用のホイールは、バランスの良い5本スポークデザインであり、アルミ鋳造ホイールとしては当時の市場では最も軽量であった

トーコントロールについては、スポーツカーらしい優れた運動性を得るため、弱アンダーステアを狙った。具体的には、フロントは旋回時や制動時のタイヤに対する入力を利用して基本的に弱トーアウトになるように、リヤはフロントとは逆に弱トーインになるようにした。

球面体理論

サスペンションの役割は、とても複雑で正しく理解できないという人がいるため、私は少しでも理解の助けになればといろいろ考え、FDの広報資料やカタログでこの球面体理論を説明してきた。

タイヤはクルマの中で唯一路面と接触し、ドライバーの操舵、加速、減速、また路面からの様々な反力を受ける。そのタイヤを支え、路面との接触を理想的な状態に保つ部分が前輪ではナックル、後輪ではハブという部品である。このナックルやハブが、サスペンションアームにどのように支えられているか、それを説明したのが球面体理論である。

フロントサスペンションであれば、アッパーアームの長さを基本Rとした球面と、ロアアームの長さを基本Rとした球面、ステアリングのタイロッドの長さを基本Rとした球面が定義できる。この3個の球の表面をナックルが移動し、タイヤの路面に対する接地形状を決めているのである。したがって、この球のRとそれぞれの取り付け位置が、とても重要となる。アーム長が短いと球のRが小さくなり、球面の変化も急激で、強いてはタイヤ接地部変化が唐突になる。球面をつかさどるRは、その長さや瞬間中心（運動している剛体が、ある瞬間にあたかも、ある点を中心に回転運動したと考えられる点）が、サスペンションアームブッシュの変位により変化しているのである。我々はすべりブッシュ、ピローボールブッシュを適切な箇所に採用し、理想とする球面を形成することを目指した。このようにして、高性能なサスペンション構造を求める手法が球面体理論である。この理論の成果はナックルやハブが作り出

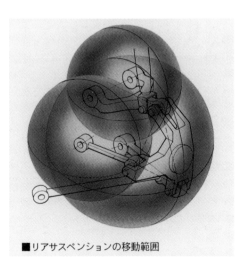

■フロントサスペンションの移動範囲

FDのフロントサスはアーム軌跡を正確に具現化するため、すべりブッシュを採用し、意図した球面体をアップライトが移動することを狙った

■リアサスペンションの移動範囲

FDのリアサスはマルチリンク軌跡を正確に具現化するため、すべりブッシュとピローボールブッシュを採用し、意図した球面体をリアハブが移動することを狙った

北米市場はRX-7の主要市場であり、パワーウェイトレシオ5kg/psを切ることをコンセプトに開発した3代目モデルがどの様な試乗評価を受けるか？ 導入イベントでは、ジャーナリストのコメントに注目した。結果として数々の試乗会では、シャープなステアリング反応と車両安定性の高さなど、操縦安定性は非常に好評であった

す前後輪タイヤのトー角が理想的な変化となり、サスペンションの働きにフリクション感が無く、ストロークに奥行きとしなやかさが備わり、上質なハンドリングとソリッドな乗り味が得られたことである。

FDの主査に就任してから

1992年6月、私はFDの主査を引き継ぐことになった。その時に改めて肝（きも）に銘じたことは、多くのファンの方々に長く支持され愛されるスポーツカーであるために、可能な限り手をかけて新しい技術を注ぎ込むことであった。

1990年代に入り、フォードのメンバーがマツダの経営に参画し、各商品のビジネス評価を入念に行なっていたが、RX-7に関しては商品の魅力に対する疑問はもちろん、存在を否定されるようなことは一度としてなかった。当時のマツダはバブル崩壊後のダメージが深刻で、RX-7は1996年には北米市場から撤退し、国内の販売台数も減少、ビジネスとしては必ずしも魅力があるとは言えないものだった。

しかし、当時の厳しい経営環境下、財務担当役員からも「もっとRX-7に魅力を加えてビジネスを改善できないか」との叱咤（しった）はあったが、社外の方々からご心配いただいたようなプログラム存続の議論はなく、ましてや開発育成を止めるなどのネガティブな話を私は全く耳にしなかった。

国内初の40、45扁平タイヤ

私が主査を引き継いだ当時、国内には超扁平と言われた扁平率40および45のタイヤはJATMA（日本自動車タイヤ協会）にも規格がなく認められていなかった。しかし、モーターショーの展示車や輸入スポーツカーなどには装着され、目にすることが多くな

日本車で初の規格化を申請し、前235/45R17 後255/40R17の超扁平タイヤ装着を実現した。ホイールは、軽量なBBS製のアルミ鍛造タイプとした

スポーツカーにとってのブレーキ性能は、エンジン性能と同等以上に重要である。ブレーキディスクを大径化することにより、効果的にポテンシャルを向上させた

山本健一氏は、REの量産化を成功に導いたことが有名であるが、感性工学（KANSEI Engineering）を提唱され、その哲学はその後のマツダ車の商品魅力に生きている

ってきていた。そこで私は真っ先にこの超扁平タイヤをFDに装着することを企てた。当時JASO（自動車技術会の規格組織）のホイール分科会の委員を務めていたこともあり、各社の委員の方にも将来の装着計画を聞き出し、協力を得て規格化を実現した。その結果、1993年10月にFDが国内で最初に40、45扁平タイヤの認可を受け市場導入することができた。

　ここで扁平率の小さいタイヤのメリットに言及しておこう。タイヤの扁平率を小さくすることによりタイヤコーナリングパワーが大きくなり、コーナリング性能が向上すると同時に、ブレーキング性能も向上する。ブレーキについてはタイヤ自体の性能が向上することと、その能力を引き出すブレーキ力を得るためブレーキディスクの大径化が可能になる。16インチから17インチへと１インチブレーキディスクが大きくでき、ブレーキ踏力を低く設定でき、耐フェード性や、踏力のコントロール性もよくなる。

　また、タイヤの縦ばね定数が向上し、発進時、ブレーキング時、旋回時のタイヤたわみが小さくなり、スクワット、ノーズダイブ、車体ロールが抑えられ安定した姿勢のソリッドな乗り味が得られる。

感性工学（感性エンジニアリング）

　感性工学は山本健一氏が1986年に米国のSAE経営者セミナーでの講演で初めて唱えたKANSEI Engineeringに端を発している。山本氏は、大量生産、大量消費の時代においてもクルマはもっと人の感性に歩み寄った性能を備えるべきで、それにより人とクルマの関係をもっと良いものに出来るはずであると述べられた。その考えを基にマツダは横浜技術研究所を拠点に人間中心のクルマ創りの研究を進め、年々歩みを強化し現在に至っている。

　感性工学とは人が生きることすべての領域にわたるもので、生活の中で扱う対象（もの）がその人間にとってどのように心に響くか、どう響かせたいかを具現化する学問である。人の心に響くであろう感性（価値）を分析し要素をつかみ、その感性具現化に関わる技術開発を成し遂げることによって得られる価値である。

　クルマとは何かの問いに、「単なる移動の道具」、「楽で扱いやすい移動の道具」、「思い通りに反応のある移動の道具」、「感性が通う身体の一部であるかのような移動の道具」、「インターラクティブな関係とも言えるクルマがあたかも語り掛けてくる状態を生

む相棒」など、人の感性にどれだけ近づくかを定義し、答えることもできる。

　したがって、クルマは人と一体につながった動物のように安全に、安心して移動でき、生活に満足感が得られる道具であるべきで、そのためにはクルマは、人の体の一部として心の通った動物の特性が求められるので、クルマの開発に際しての感性工学の応用が重要である。感性工学は「人の感性とクルマの性能をつなぐ触媒」として、クルマの特性とドライバーの感性との関係において、好ましい状態を定義し具現化するツールともいえる。

　FDの開発にあたっては、ドライバーが感ずる感性要素がインターラクティブな、クルマと心が通うレベルを進化させるべきだと考えた。まさに開発のキーワード、志、凛、艶、昂の具現化であった。また、クルマの運転とは、ドライバーがクルマという機械と共にその時のクルマの置かれた環境の中で次にどう動きたいかを考え、クルマがどう動くかは過去の運転経験などを頼りにクルマへの適切なインプット量を描き、ステアリング操舵量、アクセル開度などを決めている。また、同時にドライバーは視野をベースとしてどのような方向に向きたいのかを描き、

人がスポーツカーを操縦することは自らの器官を使い、身体能力以上の移動を実現することである。その際、動物として命を守り、移動の満足を得られることが必須である

ドライバーがインプットすればアウトプットとしてドライバーが期待するクルマの動きや姿勢が得られなければならない。この時、ドライバーである人間は、そのクルマの動きを動物としての感覚で捉えることになる。その一連のドライバーとクルマのやり取りがクルマの運転（制御）、つまり操縦性だと定義できる。

　ドライバーはクルマの姿勢をシートの上で感ずるわけで、クルマの姿勢とドライバーの姿勢との間には深い関連があり、ドライバーが動物として自らの身体の姿勢とクルマの姿勢が一致したと感ずることが望ましい。ドライバーが感じる動物としてのセンサーは、眼、耳（三半規管）などの人そのものの感覚機能である。その感覚機能から得られた体感覚、音などの伝達信号は脳に伝わり、動物として過去の経験に照らして安全なのか、安心してよいのか、危険なのか、その危険は命の危険に迫るものなのかなどを判定し、ドライバー自身の感性として心で受け止めることになる。ドライバーは安全、安心を認識すると同時に爽快感、気持ち良さ、楽しさなどを感ずることになる。このように見てくるとスポーツカー開発においては、クルマは身体の一部であるとの理解、認識、ドライバーの感覚を重要視した設計がいかに大切かが明らかとなり、例えば、部品精度を向上しガタを無くし、各部品の剛性を高くし、極限まで軽量化し、ヨー慣性モーメントや重心高を低くし、クルマの姿勢変化に期待量との乖離（かいり）が無い反応を求め、ヨーレートのゲインを最適値に決めるのか、などの理由がここにあり、感性工学が大切になってくるのである。

　FDの操縦安定性を開発するにあたり、感性要素で重要視したポイントは以下の通りである。高性能スポーツカーにおいては人の身体能力の何十倍も速い

移動が可能である一方、自動車誕生以来、人間がもって生まれた動物としてのセンサー機能の進化は無いに等しく、高性能に見合ったセンサー感度の向上は期待できない。もちろん、人間は生まれながら運動神経の優れた人もいるし、順応性や学習性の高い動物であり訓練によってセンサー感度は上げられることもある。しかし、一般的な顧客の皆様にはその訓練をする機会がないと考えるのが妥当（だとう）である。そこで、高度な運転技量が必要ではあるが、人は危険が迫ることの予知ができれば、身構え、事前に対処することが可能になり、安全、安心につながると言える。この「人が危険になるレベルまでク

ルマの移動が限界に迫ってきたこと」をドライバーに予知させる性能を高くすることが高性能スポーツカーには強く求められる。

FDのファイナルモデル開発においては、感性工学の視点から、安全、安心感を高めるため、あらゆる最新の技術や部品を採用し予知性能の向上に努めたが、ファイナルモデルとなったスピリットRに関しては後述しているのでぜひご覧いただきたい。

FDの進化

私はシャシーエンジニアとして長い間、車両開発に携わってきた。その経験からスポーツカーにおけ

ミッドシップにも引けを取らないフロントボンネットの低さは、FDのエクステリアデザインの魅力の真髄である。後期型ではマツダのファミリーフェイスである5角形グリルを曲面主体のベースデザインを損なうことなく、サイドのフォグランプグリルと巧みな調和を図り、新鮮さを増している

魅力ある巧みな曲線で構成された初期型のリアクオータ・エクステリアデザインを、リアスポイラー装着により更に高いレベルの魅力に昇華したのが後期型である。まさにタイムレスデザインの手本とも言える出来は、導入後30年ほどを経ても魅力を失っていないばかりか、SUVデザインが主流となった市場では輝きを増していると考えている

る魅力の中で、ハンドリングが大きなウエイトを占めることを一切否定しない。しかし、その一方でスポーツカーの魅力として最優先すべきはスタイリングだとも確信しており、FDにおける低い全高、ワイドな車体などのディメンションは、当初から高いデザインポテンシャルを持っていた。オリジナルデザインの魅力を最大限に生かしつつ、魅力をさらに拡大するという困難な課題に挑戦し、フロントコンビランプ内のポジショニングランプとターンシグナルランプをリヤコンビランプと共通の丸型モチーフとし、フロントスポイラーやエアインテークの形状を見直すなどのフロントマスクの変更により、オリジナル以上と言えるほど魅力を増したと思うが、この究極的なスタイリングに変貌させてくれたFD育成担当の若手デザイナーには心から感謝している。

280psエンジン

国内での乗用車のエンジン出力は、以前から280psを上限とする申し合わせがあり、各社はスポーツカーを中心に、上限の280psを達成したモデルを発売してきた。ところが1996年当時、高性能スポーツカーを自認するFDは、導入当初より10psアップはしたものの、265psで、スポーツカー性能において超

ターボチャージャーに採用したアブレーダブルシールは、コンプレッサーとハウジングの隙間を最小限に維持し、低回転域のターボ圧を高効率に上昇させる仕組みである

一級を目指す我々にとっては、次期育成モデルの目指す目標が280psの実現であることは明白であった。そこで、ターボチャージャーには、コンプレッサー部分にアブレーダブルシールというコンプレッサーとケースとの隙間を縮小させる部品を採用するとともに、タービンは翼の傾斜角度を大きくして排気の流路面積を拡大することで高効率化を図り、さらに排気系の抵抗を低減、エンジンコンピューターの最適化を行なうことで、1998年12月に導入したモデルで待望の280psを達成することができ、同時に最大トルクも32.0kg-mに向上した。また、エアインテーク開口面積の拡大、ラジエターの冷却効率の向上などにより、高温、高負荷走行時においても高いエンジン性能を安定して発揮できる冷却性能を実現した。

スピリットR

2002年8月をもってFDの生産を終了することが決まり、21世紀を迎えようとする頃、生産終了を記念する最後のモデルをつくろうという企画が始まった。それまではマツダでは生産終了を記念するモデルをつくったことはなかった。近年は「ファイナルエディション」などと称される記念モデルを発売することも増えてきたが、当時はおそらく世界中のメーカーでもほとんど例がなかったと思われる。使命を終えたモデルは、ひっそりとその最後を迎えるのが常だからである。長寿で顕著に業績に貢献したモデルの最後をねぎらうことはあるが、最後を飾るために、当局に新たな認可を求めるモデルをつくることは異例であった。そのモデルこそRX-7スピリットRである。最新の技術を織り込み、スポーツカーの魅力をたゆまなく進化させることが商品育成のあり方であり、それを強力に実践するのが主査の使命と考え、邁進してきた最後のプログラムである。3世代で80

マツダRX-7スピリットRタイプAは"究極のFD RX-7"と言っても過言ではない。FD最終限定車としてピュアスポーツカー実現のため、商品計画時、採用可能な一流品の装備を提案し、経営上程(経営陣の会議にかけること)したモデルであった。経営陣にはその商品内容を全面的に賛同いただき商品化となった

万台に迫る生産台数を誇るRX-7の歴史に残るモデルにすべく、引き継いできた"スピリット"を開発コンセプトとした。私は主査としてプログラム推進する際、常に狙いとする性能を実現するための技術を目標ありきで必死に開発してきた。そうでなければスポーツカーユーザーの方々に満足いただけないと思っているからである。商品コンセプトを世界一級品と決めたからには、一級品であり続けることを模索し、実現手段を見つけ出さなければならない。

スピリットRを記念モデルとするために、RX-7の本質である「軽量化の一流品」を求め、RECARO製バケットシートの採用も決定した。もちろんBBS、BILSTEINは必須部品であった。ブレーキは、初期からアルミ4ピストンキャリパーを採用して好評だったが、ABSが標準のために高油圧によるシールの膨張変位が剛性感に影響し、ブレーキフィールに不満があった。フレキシブルホースのステンレスメッシュ化によりラバーホースの膨張を抑えることにし、ブレーキディスクもドリルド(穴あき)タイプとした。シリアルナンバー付きのプレートも記念になればと、感謝の気持ちでエンジンルームに装着した。

2002年8月に行なわれたスピリットRの最終ライ

ンオフは、全国から集まってくださったRX-7ファン立ち合いの中、盛大に行なわれた。この時、私にはRX-7の3世代におよぶスポーツカーづくりという「挑戦」の1ページが終わったという気持ちと、これまで培ってきた"スピリット"を次期RX-7に継承するための使命感が交錯していた。

そして私は、会場でのあいさつで「RX-7の商品としての魅力提供は小休止するが、RX-7の"スピリット"は不滅である」と宣言した。

ドリルドディスクはマツダでは初の市場導入だった。モータースポーツ車両やアフターマーケットでは多く見られるが、一般に市場ではブレーキパッドの早期摩耗やブレーキ時のスキール音などのクレームが懸念された。しかし、このモデルを購入される顧客には、「理解が得られるはずだ」との思いで導入を決めた

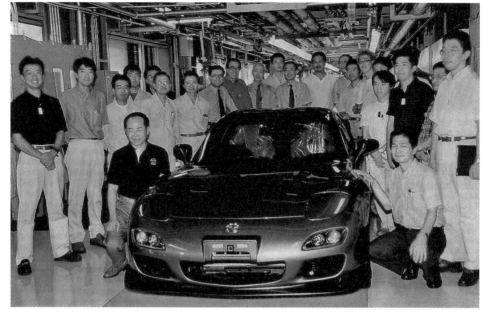

FD最終量産車のラインオフ日には多くのファンの方々をお招きし、マツダ関係者と共にその雄姿を見守って頂いた。ラインオフに立ち合い、あいさつをさせて頂いた。当時の気持ちは寂しさはあったものの、魅力あるピュアスポーツを誕生させることができたとの達成感も強かった

RX-7の開発を振り返って

　FDの開発初期段階で私は、小早川隆治主査から開発体制をタスクフォースチーム方式で進めること、さらにパワートレイン以外の領域のタスクフォースチームリーダーを任せたいとの提案を頂いた。私自身初代RX-7からシャシーの開発に携わり、マツダスポーツカーの操縦安定性を進化させてきた自負から、是非とも3代目RX-7で究極の性能にしたいとの思いがあり、務めさせて頂いた。マツダのスポーツカーは前後重量配分50：50を理想とし、ステアリング特性ではニュートラルを実現することを基本としてきた。この理想的な重量配分は車両全体の部品重量をコントロールしなければ実現できないことは明白であり、タスクフォース活動は、最適な開発マネジメント組織であった。車両全体重量管理に絡む

開発目標にパワーウエイトレシオ5 kg/psの実現があった。この2つの重量開発目標（前後の重量配分とパワーウエイトレシオ）を実現するための取り組みは、目標値ありきで進めなければならないと強く思った。従来の重量開発は目標性能を実現する既存部品から重量を見積り、目標とのギャップを軽量化アイデアで詰めてゆく作業であったが、私は各部品の目標性能と目標重量を同時に満足する構造、形を創造する設計手順にすべきとメンバーに依頼した。

　活動初期には手順に慣れないためメンバーから不満も多く、推進が難航した。そこで部品の目標達成責任はタスクチームとし、メンバーとして派遣された部門には問わないことして、目標未達を解消する軽量化アイデアをタスクチーム全員はもとより開発部門全体の知恵を集約する活動を行なった。これが

	現行RX-7	NEW RX-7
0-100km/h 発進加速	6.0 sec.	5.1 sec.
限界旋回G	0.87G	0.93G
100km/h→0 制動距離	35.1m	34.5m

スポーツカーの魅力をどう表現するか、数値で表すとエンジン馬力、車両重量、タイヤ、ブレーキサイズなどに起因するこの数値が一般的である（現行RX-7はFC、NEW RX-7はFDを指す）。しかし、人が感ずる魅力は、このリニアな数値の変化だけではない

後に「ZERO作戦」と呼んだ活動であり、注力点を変え都合6回にわたり開催し、重量目標を達成することができた。これもタスクフォース活動の大きな成果の一つである。

おわりに

　会社人生において大変幸福なことに1992年6月に小早川主査より後継の主査として指名を頂き、RX-7後期型の開発育成に励むことになった。その後ロードスターの主査も拝命、マツダのスポーツカーを2車種担当することになり、折しもフォードからのマネジメント参画もある中で、その責務の重圧を乗り越えられたことは、マツダスポーツカーをご支持頂いている多くのファンの皆様の熱いエールの賜物（たまもの）と心より感謝申し上げたい。

　RX-7は導入より30年ほどを経ても多くのファンの皆様に愛され、大事にご愛顧を頂き、開発技術者として大変うれしく思っている。当時を振り返り明確に申し上げられることは、「理論に裏付けられた技術は裏切らない」、「良い商品はいつまでも色あせない」、と思えることである。低いボンネットデザインの実現の為、フロントサスペンションストロークを限界まで短縮し、操縦安定性、乗り心地が保証できるのか？　あれほどまでに悩んだことはなかった。そして、保証すべき最大入力Gに必要な理論的最低ストロークを守り、設計を進めたことが正しい結果になったのである。私はこうした魅力あるデザインと優れた技術の融合したFDが、今でも「高性能と魅力あるスタイルを持つスポーツカー」として輝いていることがその証（あかし）だと思っている。

　2015年の東京モーターショーに出品されたRX-VISIONのフロントスタイルを見るにつけ、当時の葛藤が蘇ってくるが、後輩技術者たちの英知と挑戦で、新世代のマツダREスポーツカーを具現化してほしいと願っている。

　このRX-VISIONの流麗なスタイリングは上級で上質なスポーツカーそのものだと感じた、マツダやRE

FDは計5回のマイナーチェンジにより、1型から6型までのモデルがあるが、5型と呼ばれるこのモデルは、フロントマスクのみのデザイン変更だが、エアインテーク、ポジションランプの巧みなデザイン変更が、エクステリア全体のイメージを大きく魅力的に進化させている。デザイン変更された多くのスポーツカーの中でもひとつの成功例だと言えるだろう

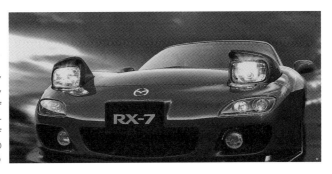

ガソリン燃料と水素燃料を同時に使える
エンジンは、世界にREしかないことは
周知の事実である。欧州を中心に内燃機
関の販売禁止が制度化されつつある今、
燃料さえ水素にすればCO_2を出さない車
が、このRX-8とプレマシーのハイドロ
ジェンREである

商品魅力の一角、際立つデザインを標榜
するマツダのデザインコンセプトモデル
がRX-VISIONである。フードの低さと
伸びやかなライン、優雅なルーフとリア
クオーターは、高級かつ上質なプレミア
ムスポーツのデザインである。このクル
マが具現化され、世界の市場を疾走する
日が遠くないことを望んでいる

水素ロータリーエンジンは、吸気工程と燃焼行程の場所が分
かれているREだからこそ実現できる水素燃料エンジンである

を支持頂く顧客の皆様には、理想のプロダクトにな
り得る提案である。そのフードの長さは優に4ロー
ターREが搭載可能だと思える。

　近年のCO_2削減の取り組みはどのメーカーも正面
から立ち向かうべき課題である。マツダREは、CO_2
削減可能な水素燃料の燃焼ができることは周知の事
実であるが、水素のエネルギー密度に弱点もある。

　そこでRX-VISIONの量産型として水素燃料4ロー
ターREとハイブリッドシステムを搭載した、RX-7
を凌駕（りょうが）する超プレミアムなスポーツカ
ーを期待したい。マツダの技術者魂、飽くなき挑戦
を実践するこのような夢があることは幸せなことだ
と思える。

RX-7 各年生産台数（FD）、日本の登録台数、輸出台数

年	生産台数（FD）	日本の登録台数	輸出台数
1991	977	14,513	3,409
1992	26,654	13,996	11,495
1993	6,801	6,082	1,857
1994	5,962	4,499	2,001
1995	5,202	4,884	585
1996	4,762	4,457	52
1997	3,556	3,469	52
1998	1,423	1,828	52
1999	4,151	3,962	–
2000	2,611	2,531	–
2001	2,589	2,611	–
2002	3,903	3,717	–
2003	–	265	–
合計	68,591	66,814	19,503

出典：マツダ株式会社

※日本の登録台数と輸出台数はFCを含むRX-7としての台数。
RX-7は2002年に生産終了されているが、日本では2003年に265台が登録されている。
1999年以降の輸出台数は不明。

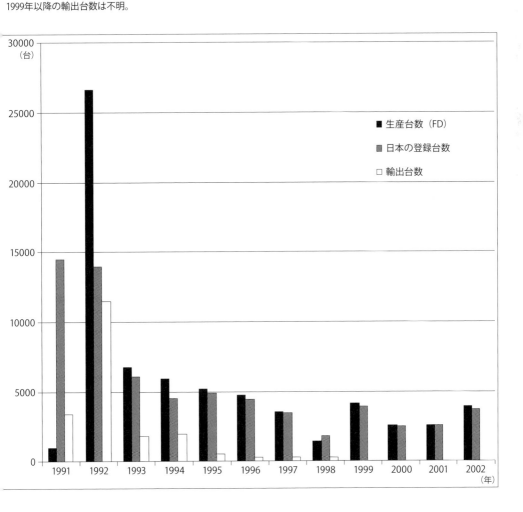

RX-7とロータリーエンジンの歴史年表

年	月	日	歴史・モデルの変遷	備考
1951年 (昭和26年)	-	-	ドイツのフェリックス・バンケル、NSU社と技術提携	フェリックス・バンケル氏はロータリーエンジンの発案者で、このタイプのエンジンの事をバンケルエンジンとも呼ぶ
1957年 (昭和32年)	2月	1日	バンケル、DKM型ロータリーエンジン試作、テストベンチで試運転に成功	DKM型はシングルロータリーエンジンで、ローターだけでなくハウジングも回転していたのが特徴
1961年 (昭和36年)	2月	27日	マツダ、NSU社およびバンケル社と技術提携契約の締結	翌月、日本政府に認可申請書を行なう
	7月	4日	技術提携契約が日本政府から認可される	
	11月	-	ロータリーエンジン試作1号機を完成	400ccシングルローター
1963年 (昭和38年)	4月	-	ロータリーエンジン研究部発足	
	10月	26日	第10回全日本自動車ショーにシングルローター・2ローターのロータリーエンジン2台を出展	全日本自動車ショーの会場に当時の松田恒次社長がコスモスポーツのプロトタイプで乗りつけた
1964年 (昭和39年)	2月	14日	ロータリーピストンエンジン新研究室完成	性能テスト室は、リモートコントロールでエンジンの操作及び計測を行ない、測定値(回転数、トルク、馬力、燃料消費量、各部の温度、圧力など)は計測回路に織り込まれた電子計算機で計算、自動的に記録される 耐久テスト室は、コントロールシステムにより数台の耐久テストを一括して管理し、リモートコントロール測定装置および工業用テレビ装置を備え、測定値は電子計算機により自動的にグラフ化される 地上2階、地下1階で延べ面積は1500㎡。工費は約3億円
	8月	13日	ロータリーピストンエンジン研究室完成、第二期工事完了	第二期では性能テスト室と耐久テスト室の増設が行なわれたことで、基礎テストから性能、耐久テストまで一貫して行なえるようになったまた、エンジンに車両を同一水準におけることができ、プログラム制御装置との組み合わせで回転数、冷却水やオイルの温度など諸条件の変化を状態をプログラムに組み込むことで、自動的に実車に近い状態でテストできるようになった 2月の第一期と同様に地上2階、地下1階で延べ面積は1500㎡。工費は約3億円
1966年 (昭和41年)	9月	26日	第11回東京モーターショーにロータリーエンジン搭載スポーツカーを参考出品	第二期では基礎テスト室と耐久テスト室の新設が行なわれ出品時の車名は「コスモ」だった
	-	-	コスモスポーツの試作車60台で日本全域における市場テストを実施	ロータリーエンジンの品質に万全を期すために、コスモスポーツの試作車を全国の主要販売店に配車してあらゆる気象条件や道路条件のもとでの走行を依頼し、その結果を製品に反映させようとした
1967年 (昭和42年)	5月	30日	ロータリーエンジン完成発表、コスモスポーツ発売	10A型 (110ps) 搭載、後に128psに向上する
1970年 (昭和45年)	5月	13日	カペラロータリー発売	このモデルで12A型 (120ps) が初搭載される
1971年 (昭和46年)	9月	6日	初代サバンナ発売	10A型 (105ps) 搭載
1972年 (昭和47年)	9月	18日	サバンナクーペGT発売	サバンナに12A型 (120ps) が搭載される
1973年 (昭和48年)	12月	4日	ルーチェAP (昭和50年排ガス規制適合車) にグランツーリスモを追加	このモデルで13B型 (135ps) が初搭載される
1978年 (昭和53年)	3月	30日	初代サバンナRX-7発売	昭和53年排ガス規制適合車、12A型 (130ps) 搭載
1983年 (昭和58年)	9月	16日	サバンナRX-7マイナーチェンジ、ターボ車発売	12A型ターボ (165ps) 搭載
	10月	4日	コスモ、ルーチェマイナーチェンジ	スーパーインジェクション (動的過給方式) を採用した13B-SI型 (160ps) 搭載

年	月日	できごと	内容
1985年 (昭和60年)	9月20日	2代目サバンナRX-7発表	13B型ツインスクロールターボ (185ps) 搭載
	10月8日	2代目サバンナRX-7発売	
1986年 (昭和61年)	8月22日	特別限定車サバンナRX-7アンフィニ (∞) 発売	300台限定 国内仕様では初めての2シーター アンフィニとはフランス語で無限大の意味 ∞は1991年3月までに合計8回登場する
1987年 (昭和62年)	8月21日	サバンナRX-7カブリオレ発売	ロータリーエンジン発表20周年記念車 ルーフに着脱可能なパネルを採用することで、「フルオープン」「ルーフレス」「クローズド」の3タイプのルーフ形状が可能
1989年 (平成1年)	3月15日	サバンナRX-7マイナーチェンジ発表	最高出力が205psに向上
	4月1日	サバンナRX-7マイナーチェンジモデル発売	
	8月29日	特別限定車サバンナRX-7∞発表	このモデルの∞の最高出力は215psとなった
	9月16日	特別限定車サバンナRX-7∞発売	
1990年 (平成2年)	4月10日	ユーノスコスモ発売	このモデルで3ローターの20B-REW型 (280ps) が搭載される 13B-REW型 (230ps) とともにシーケンシャルインターボを採用
1991年 (平成3年)	6月23日	第59回ル・マン24時間レースでマツダ787Bが総合優勝	ロータリーエンジンが出場できる最後の年での優勝
	10月16日	アンフィニRX-7発表	13B-REW型シーケンシャルツインターボ (255ps) 搭載 アルミボンネット、アルミミッションケース採用 スペアタイヤ用アルミホイール&アルミジャッキ採用 グレードはタイプS、タイプX、タイプRの3種
	10月25日	第29回東京モーターショーにコンセプトカーHR-Xを出展	水素ロータリーエンジン (499cc×2、100ps、13.0kg-m) 搭載
	12月1日	アンフィニRX-7発売	第1回RJCニュー・カー・オブ・ザ・イヤー受賞
1992年 (平成4年)	8月20日	限定車サバンナRX-7カブリオレ・ファイナルバージョン発表	3代目発売後も2代目はカブリオレのみ継続販売されていたが、このモデルをもってサバンナRX-7の14年間、サバンナRX-7カブリオレの5年間のフィナーレを飾った
	10月1日	限定車サバンナRX-7カブリオレ・ファイナルバージョン発売	
	10月1日	特別仕様車アンフィニRX-7タイプRZ (1stバージョン) 発売	2シーター化、レカロ製フルバケットシート、大径ダンパー、専用ビルシュタインタイヤ (汎用タイプと比べて1本当たり1.3kgの軽量化) の採用 車両軽量化、および最終減速比の変更による加速性能の向上
1993年 (平成5年)	8月16日	アンフィニRX-7マイナーチェンジ (2型)	タイプR-II (2シーター) 追加 タイプSとXは、4速オートマチック専用となり、グレード名をツーリングSおよびXに変更 国産初採用の17インチ径で、フロント40%/リア45%偏平タイヤ設定
	10月1日	特別仕様車アンフィニRX-7タイプRZ (2ndバージョン) 発売	17インチアルミホイール&フロント40%/リア45%偏平タイヤ標準装備 強化トルセンLSD採用 ビルシュタインダンパー採用
	10月22日	第30回東京モーターショーにコンセプトカーHR-X2を出展	水素ロータリーエンジン (654cc×2、130ps、17.0kg-m) 搭載

年	月日	事項	内容
1994年（平成6年）	8月17日	特別仕様車アンフィニRX-7 タイプR-Ⅱ バサースト発表	「バサースト12時間耐久レース」3年連続優勝記念車
	9月1日	特別仕様車アンフィニRX-7 タイプR-Ⅱ バサースト発売	優勝ロゴステッカーを貼付、ブルーペンガラスを採用
1995年（平成7年）	2月10日	特別仕様車アンフィニRX-7 タイプRバサースト発売	「バサースト12時間耐久レース」3年連続優勝記念車の第二弾 オーディオレスなど装備を見直してベースのタイプRから62万5千円価格引き下げ
	3月22日	アンフィニRX-7、2度目のマイナーチェンジ（3型）	タイプRZ、タイプRバサーストがカタログモデルになる タイプRZに17インチ対応大径ディスクブレーキ採用 タイプRの装備を充実させてタイプRSに変更、ツーリングXの装備を廃止と価格を見直した
	6月22日	特別仕様車アンフィニRX-7 タイプRバサーストX発表	本革シート、MOMO社製本革巻ステアリング、ガンメタリック色のアルミホイールなどを装備
1996年（平成8年）	7月1日	特別仕様車アンフィニRX-7 タイプRバサーストX発売	赤の本革シート採用
	1月17日	アンフィニRX-7、3度目のマイナーチェンジ（4型）	MT車の最高出力を265psに向上 ツーリングXに標準装備されている運転席SRSエアバッグシステムを他の全グレードにオプション設定 丸型3連デザインのリアコンビネーションランプを採用 タイプR-Sの走行性能や安全性能を向上させタイプRSに名称変更、タイプRバサーストを新設
	12月20日	特別仕様車アンフィニRX-7 タイプRBバサーストX発表	全車に運転席SRSエアバッグシステムとMOMO社製本革巻ステアリングを標準装備
1997年（平成9年）	1月3日	特別仕様車アンフィニRX-7 タイプRBバサーストX発売	販売系列の再編による変更
	10月14日	車名を「アンフィニRX-7」から「マツダRX-7」に変更 特別仕様車アンフィニRX-7 タイプRS-R発売	ロータリーエンジン発売30年記念特別限定車 ビルシュタイン製ダンパー、高性能タイヤを採用 専用アルミホイール、専用デザインパネルの採用
1998年（平成10年）	12月15日	RX-7、4度目のマイナーチェンジ（5型）	ニューRX-7として登場 フロントビューの変更 タイプRS、タイプRの最高出力を280psに向上、シャシー、空力特性の向上 助手席SRSエアバッグを全車標準装備 メーターパネルのデザイン変更（油圧計に替えてブーストメーターの新設、5MT のタコメーターの垂直0指針など）
1999年（平成11年）	1月21日	RX-7（5型）発売	
2000年（平成12年）	10月18日	RX-7、5度目のマイナーチェンジ（6型）	EBD（電子制御制動力配分システム）の採用 メーターデザイン変更、新システムのオーディオを採用 新ボディ色にピュアホワイト、サンライトシルバーメタリックを採用
		特別仕様車RX-7 タイプRZ発売	約10kgの軽量化 専用色スノーホワイトパールマイカ

年	月	日	出来事	内容
2001年（平成13年）	8月	30日	特別仕様車 RX-7 タイプRバサースト R発売	車高調整式ダンパー採用 MAZDASPEED製カーボン調センターパネル、カーボン調シフトノブ採用 限定色サンバーストイエローに加えてピュアホワイト、イノセントブルーマイカの3色設定
	10月	26日	第35回東京モーターショーにデザインモデルRX-8を出品	新型ロータリーエンジンRENESIS搭載
	12月	10日	特別仕様車 RX-7 タイプRバサースト R発売	車高調整式ダンパー採用 ピュアホワイト、イノセントブルーマイカ、ブリリアントブラック、ピンクテージレッド、サンライトシルバーの5色設定
2002年（平成14年）	3月	25日	特別仕様車 RX-7 スピリットRシリーズ発表	RX-7最後の特別仕様車 2シーター・5速MTの「タイプA」、4シーター・5速MTの「タイプB」、4シーター・4速ATの「タイプC」の3仕様を設定 BBS社製17インチホイール、レッド塗装ブレーキキャリパー採用 専用色チタニウムグレーメタリック採用 レカロ社製フルバケットシート採用（タイプA） スピリットRシリーズ以外はタイプRバサーストのみ継続してラインナップ
	4月	22日	特別仕様車 RX-7 スピリットRシリーズ発売	最終ラインオフでは、ファンを招待して式典が行なわれた
	8月	26日	RX-7生産終了	
2003年（平成15年）	4月	9日	RX-8発表	13B-MSP "RENESIS"（250ps、210ps）搭載 予約した顧客への納車は4月下旬から、店頭での販売は5月上旬から行なった
	10月	22日	第37回東京モーターショーにRX-8ハイドロジェンREを出展	ガソリンも使用できるデュアルフューエルシステムを備えた水素ロータリーエンジン（水素使用時109ps、14.3kg-m、ガソリン使用時210ps、22.6kg-m）搭載
2006年（平成18年）	2月	15日	RX-8ハイドロジェンREの限定リース販売を開始	2月10日に国土交通大臣認定を取得、3月23日に納車
2008年（平成20年）	6月	20日	プレマシー ハイドロジェンREハイブリッドの国土交通大臣認定を取得	電気モーターを組み合わせたハイブリッドシステム（110kW）搭載
2009年（平成21年）	3月	25日	プレマシー ハイドロジェンREハイブリッドのリース販売開始	
2012年（平成24年）	6月	-	RX-8三部作終了	
2015年（平成27年）	10月	-	第44回東京モーターショーにRX-VISIONを出品	SKYACTIV-R搭載
2020年（令和2年）	5月	22日	ドライビングシミュレーションゲーム「グランツーリスモSPORT」にRX-VISION GT3 CONCEPTをオンライン提供	SKYACTIV-R 自然吸気4ローターロータリーエンジン（570ps）搭載 フロントサスペンションはダブルウィッシュボーン、リアサスペンションはマルチリンク式を採用

出典：マツダ株式会社

自動車史料保存委員会

武川明　小林謙一　梶川利征　山田国光

　本書の編集にあたっては、以下の方々からの多大なるご協力を
賜りました。小早川隆治氏には、当時の写真や資料などのご提供
をいただきました。貴島孝雄氏には、編集のための資料について
アドバイスをいただきました。また、お二人には本書の企画に対
してご賛同いただき、当時の開発における回想記をお寄せいただ
くことができました。どちらも本書のためにご執筆いただいた書
き下ろしです。英国人ヒストリアンのブライアン・ロング氏から
も海外資料などをお借りし、青木英夫氏にRX-7（FD）の発表当
時の写真をご提供いただきました。さらに、マツダ株式会社広報
部の町田晃氏、長江正敏氏には、販売台数や製品写真など資料の
ご提供をいただきました。ここに御礼を申し上げます。
　本書をご覧いただき、名称表記、性能データ、事実関係の記述
等に差異などお気づきの点がございましたら、該当する資料とと
もに三樹書房編集部までご通知いただけますと幸いです。

マツダ RX-7
FDプロファイル　1991-2002

編　者⋯⋯⋯自動車史料保存委員会
発行者⋯⋯⋯小林謙一
発行所⋯⋯⋯三樹書房
〒101-0051東京都千代田区神田神保町1-30
TEL 03(3295)5398　FAX 03(3291)4418
URL http://www.mikipress.com
印刷・製本　中央精版印刷

On The Last Lap!
RX-7 SPIRIT R Series Debut

"スピリットRシリーズ"[限定1500台]デビュー。
それは、RX-7を極めたRX-7。

代目RX-7「FD3S」は、マツダが日本車初の

・マン24時間レース総合優勝を果たした1991年に登場。

来、マツダのスポーツDNAをひたすらに研ぎ澄まし、

くのドライバーと比類ないエキサイトメントと

ンターテインメントを分かちあってきた。

していま、"スピリットRシリーズ"をリリース。

PIRIT R Type A、SPIRIT R Type B、

PIRIT R Type Cのシリーズ全車に

BS17インチアルミホイールなどを装備した、RX-7究極の限定モデルだ。

高調整式ダンパー搭載の特別仕様車Type Rバサーストも同時ラインアップ。

X-7にいま、自らの頂点を極める時が来た。

10 YEARS OF L

RX-7 [FD3S]の日々。それはマツダ

[FD3S]は、ロータリースポーツというマツダのDNAをひたすらに研ぎ澄まし、これま
そのひとつのアプローチとして取り組んできたのが、それぞれの特性を際

Type R2　1992.10
（2シーターモデル。限定300台）

- ●255PS/6500rpm ●レカロ社製超軽量フルバケットシート
- ●ピレリーP-ZEROタイヤ(225/50ZR16) ●サイズアップダンパー
- ●ファイナルギアレシオ4.300 ●ボディカラー：ブリリアントブラック

Type A-Ⅱ　1994.9
BATHURST （限定350台）

- ●255PS/6500rpm
- ●トルセンLSD
- ●ボディカラー：ブリリアントブラック

1992　1993　　　　1994　1995

Type R2　1993.10
（2シーターモデル。限定150台）

- ●255PS/6500rpm ●レカロ社製超軽量フルバケットシート
- ●エクスペディアS-07タイヤ(フロント235/45ZR17・リア255/40ZR17)
- ●BBS社製17インチ鍛造アルミホイール ●ビルシュタインダンパー
- ●強化トルセンLSD ●ファイナルギアレシオ4.300
- ●ボディカラー：ブリリアントブラック

Type R　1995.6
BATHURST X （限定777台）

- ●255PS/6500rpm ●2本ステイリアウィング
- ●MOMO社製本革巻ステアリング ●本革バケットシート(レッド)
- ●ガンメタリック16インチアルミホイール
- ●ボディカラー：ブリリアントブラック、シャストホワイト、ヴィンテージレッド